新时代基础设施管理创新与实战丛书

建筑企业工程总承包卓越管理

Excellent Management on EPC of Construction Enterprises

邓尤东 著

中国建筑工业出版社

图书在版编目（CIP）数据

建筑企业工程总承包卓越管理=Excellent Management on EPC of Construction Enterprises / 邓尤东著 .—北京：中国建筑工业出版社，2020.12
（新时代基础设施管理创新与实战丛书）
ISBN 978-7-112-25682-2

Ⅰ.①建… Ⅱ.①邓… Ⅲ.①建筑工程—承包工程—工程管理 Ⅳ.①TU723

中国版本图书馆CIP数据核字（2020）第240877号

工程总承包是国际通行的建设项目组织实施方式。在国外，大多数发达国家工程总承包发包比例占总的工程发包比例超过 30%，少数国家达到 50%。在我国，建筑业无论是政策导向还是内在需求，发展工程总承包都是大势所趋。本书通过大量工程总承包项目的管理实践，不断对工程总承包管理体系、管理内容、管理方法进行总结、提炼、升华，逐步构建形成了工程总承包卓越管理体系。同时，作者将建筑企业工程总承包卓越管理的思考与探索、实践与成果，进行提炼和总结，汇集成书，公开出版，旨在便于学术交流，就教于同行。

本书共八章，包括：工程总承包发展历程及展望；工程总承包基本概念；工程总承包卓越管理概念；工程总承包卓越管理体系；工程总承包卓越管理内容；工程总承包卓越管理办法；注重设计 提升 EPC 项目管理品质——重庆轨道交通九号线项目；加强协调 促进 EPC 项目优质履约品质——重庆龙洲湾项目。

作者期盼本书的出版能激励更多同行积极研究和完善工程总承包卓越管理之路，推动中国工程管理升级。由于笔者水平所限，书中难免有所疏漏，敬请批评指正。

责任编辑：王华月 范业庶 张 磊
责任校对：张 颖

新时代基础设施管理创新与实战丛书
建筑企业工程总承包卓越管理
Excellent Management on EPC of Construction Enterprises
邓尤东 著
*
中国建筑工业出版社出版、发行（北京海淀三里河路9号）
各地新华书店、建筑书店经销
北京点击世代文化传媒有限公司制版
河北鹏润印刷有限公司印刷
*
开本：787 毫米 × 1092 毫米 1/16 印张：14¼ 字数：231 千字
2020 年 12 月第一版 2020 年 12 月第一次印刷
定价：64.00 元
ISBN 978-7-112-25682-2
（36530）

推荐序

践行卓越管理

中国工程院院士　孙永福

工程总承包是国际建筑市场通行的一种项目管理模式。其突出特点是将传统的设计与施工分割管理，转变为按照系统思维进行设计与施工的一体化管理。业主只同一个总承包方具有合同关系，从而使业主的组织协调工作大量减少。总承包方对业主负总责，有些业务可以分包给有关相应资质的企业。通过总承包方内部协调，可以降低交易成本，缩短工期，控制投资。因此，颇受建筑业界称赞和倡导。

在改革开放形势下，我国建筑市场积极推动工程总承包，经过试点逐步扩大范围，石化、建筑等行业都取得了较好成绩。20 世纪 90 年代初，我国铁路建设在侯月铁路两座大桥、达成铁路全线等项目首次进行工程总承包试点。进入 21 世纪，铁路系统又在不同典型项目扩大工程总承包试点。但总的来看，我们同国际工程总承包先进水平相比还有很大差距。主要表现在专业人才缺乏、管理能力不足、相关方满意度低等方面，致使工程总承包的优势未能得到充分体现。探究深层次的原因，是企业经营理念、组织体系、管理技术等需要变革。因此，迫切需要针对工程总承包存在问题开展研究。

本书作者尤东在中国铁建和中国建筑两大央企工作达 30 年，从企业基层项目管理人员成长为企业高层领导，组织和参与了国内多个有影响的基础设施项目管理。作者发挥了中国铁建和中国建筑两大央企的优势，在项目管理中进行了积极的探索，积累了丰富的经验。难能可贵的是，作者运用管理理论解决工程总承包中的实际问题，系统总结了工程总承包实施办法。这本书就是作者长期辛勤耕耘的结晶。我认为，本书突出的亮点主要有以下三点：

一是理念新颖。理念是通过工程实践凝练出的对工程建设规律的理性认识和对建设目标的主观向往，具有统领和指导全局的作用。作者强调项目工程总承包卓越管理必须树立全局观念,业主方与总承包方要形成一个利益共同体（作为承包方，应该有“业主意识”），协力实现项目的质量、安全、环保、工期、投资等目标，使项目的经济、社会、生态等综合效益最大化。项目管理要坚持“以人为本”的理念，对项目管理直接负责人员寄予信任和相应授权，充分发挥一线管理人员的作用。

二是实用性强。作者着重对工程总承包管理业务流程进行了全面梳理和分析，用丰富的经验和典型的案例，构建了完整的工程总承包卓越管理体系。这对缺乏工程总承包经验的项目管理人员十分有用，可以从中找到解决困惑路径，或者受到有益的启示，以便结合项目实际情况不断提升管理水平。

三是有推广价值。我国基础设施建设进入了高质量发展新阶段，工程总承包项目呈现井喷之势，许多项目管理人员渴望充实工程总承包知识。本书通俗易懂、实用有效，可为从事基础设施项目工程总承包的人员提供智力支撑。随着工程总承包专业人员增加，将会拓展我国工程总承包的实施领域，这对建筑业高质量发展是十分有利的。

希望大力推进工程总承包模式，运用 BIM 技术等建造绿色智能建筑。我特别倡导在实践中不断创新，逐步形成具有中国特色的工程总承包理论与实施要则。期待共同努力，提高企业国内国际市场竞争力，为建设“科技强国”作出更大贡献！

孙永福

2020 年 11 月 16 日

推荐序

探索工程总承包创新与变革

中国铁建股份有限公司原总裁　金普庆

新时代的中国经济发展迅猛，以势不可挡的“中国速度”跻身世界第二大经济体。我国有基建狂魔之称，基建规模大，持续时间长，修建了一大批举世瞩目的复杂大型工程项目，展示了独一无二的基建能力，创造了一个又一个的世界纪录，建造了诸如南水北调、三峡工程、港珠澳大桥等世界一流的大型超高难度工程，享誉海内外。

随着“一带一路”战略的提出，国内建筑企业纷纷走出国门，进入更为广阔的世界建筑市场，与世界先进的建筑企业同台竞争，中国企业面临越来越多的市场机遇和挑战。国内企业原来单一的施工总承包模式显然不能满足要求，逐步探索多元化的项目管理方式，增强国际竞争力，寻求更大范围的价值创造和利润增长点，在此大环境下 PPP、EPC、BOT、CM 等模式在国内得到快速发展，尤其 EPC 工程总承包逐步成为工程建设管理的主流模式之一。

一直以来，国内的工程项目一般按照设计和施工两个阶段截然分开，分别由设计单位和施工单位承包，人为地割裂了设计与施工的有机联系，难于从设计和施工的结合上寻求最佳技术方案，同时责任主体不明确，互相推诿时有发生，对提高工程质量，推行社会各行业平均利润率很不利。EPC 工程总承包最大特点就是将原来分离运行的设计、采购与建造融合为一体，充分发挥“设计”的龙头作用，让设计充分介入工程建设全过程，指导采购和建造，并吸收采购和建造的积极反馈调整改良设计，形成高效的互动和互促，更好地保障工程进度、质量、安全、投资控制。

工程总承包是以工程项目的初步设计为基础，以大型施工企业为主体，受业主委托，按照合同约定对工程项目的勘察、设计、采购、施工、运营实施全过程的承包，并对承包工程的质量、安全、工期、造价全面负责，业主通过咨询和监理公司对项目进行监管。

我国的工程总承包模式已经发展数十年，目前行业内普遍看好，大型建筑企业纷纷进行管理方式转型。在国家政策的大力鼓励下，工程总承包的发展日益蓬勃，方兴未艾，已经成为建筑业的发展主流。但总体而言，国内工程总承包管理模式的发展还处于积极的探讨阶段，推行过程中出现一系列问题亟待解决。如对工程总承包管理模式认识不足、理念不清晰、管理体系不健全；管理办法单一，甚至用施工总承包的管理方法管理工程总承包项目；各管理体系之间融合度不足，协调工作不够，工程总承包管理模式优势体现不突出等。

要推行工程项目总承包，施工企业、设计单位、监理单位都必须要进行自我革新，施工企业要形成两个层次：一是综合能力强的大型施工企业要充实设计、科研、技术人员，逐步成为智力密集型的工程总承包公司，具有技术开发、工程设计、工艺革新、材料及设备采购、施工管理等综合能力，可受投资主体的委托或通过投标竞争承揽工程建设任务。二是一般施工企业要往专业能力强、管理人员少、操作技术水平高的方向发展。如北京建设的电气公司，在奥运场馆等复杂构造物中的电缆及电线敷设、照明等方面独步全球，只要有绝活，别人主动送“活”上门，这才是生存之道。

设计单位要树立设计失误是最大的失误、设计造成的浪费是最大的浪费、优化设计的节约是最大的节约三大管理理念，尤其要熟悉国际设计标准、增加先进的探测设备、升级设计软件、提高设计质量和效率，要加强和施工单位的融合，努力在两者的结合点上寻求最优技术方案。

监理咨询单位要强化专业技术人员的配置，咨询团队应由专家级别的人员组成,重点加强超前预控。古人云:下智背负问题,中智解决问题,上智消除问题,我们要做到“上智”,对设计、施工、设备、物资、生态环境要严格把关,敢于负责,勇于担责,及早发现和解决问题,帮助业主确保工期、质量和造价合理。

尤东同志在中铁十二局集团从事项目管理、企业管理15年,并且在中国建筑五局担任企业高管12年,具有非常丰富的工程管理经验。他针对目前国内工程总承包推行过程中主要存在的问题,结合数十年管理实践经验,倡导提出体系先行、设计为主、成本管理“控圆缩方”、接口管理出效益、协调增效等先进的工程总承包管理理念,值得我们借鉴。《建筑企业工程总承包卓越管理》一书,走出了一条与传统工程管理截然不同的道路,将卓越管理的理念与工程总承包项目管理恰当地结合起来,是解决当下企业转型升级的根本途径。而也正是以此为突破口,从理念、体系、方法、原则与要点等方面展开了细述,站在中国工程总承包项目长远发展的高度,对广大企业管理人员和工程管理者进行积极的引导、启发,也为各种不同观点提供了商讨、交流的平台,意义深远。

作者嘱余为序,欣然允之,并期待他不懈探索,多出成果。我相信本书对推动我国工程总承包的发展具有重要的作用,一定会产生新的卓越管理理念和理论,引领中国建筑企业创建世界一流名企,迎接新基建发展的春天。

2020年10月

前 言

在新时代，建筑业由于政策和市场发生了深刻而又积极的变化，原来以施工总承包为主流的管理模式愈发不能满足快速发展的行业需要，创新、协调、绿色、开放、共享的新理念深入人心。以项目全生命周期为主线，探索投融资、咨询、设计、建造、采购、运营、维护等各阶段进行相互组合的各种管理模式的探讨，追求高质量的发展，成为行业和企业的时代任务，其中，工程总承包管理（EPC）模式成为主流。

2017年，《国务院办公厅关于促进建筑业持续健康发展的意见》（国办发[2017]19号文）明确要求“加快推行工程总承包。装配式建筑原则上应采用工程总承包模式。政府投资工程应完善建设管理模式，带头推行工程总承包”。2020年3月1日，住房和城乡建设部、发展改革委联合下发的《房屋建筑和市政基础设施项目工程总承包管理办法》正式实施。有政府政策的支持，装配式建筑技术和BIM等信息化技术相匹配，工程总承包无疑是最具生命力和最具发展前景的管理模式。

工程总承包对业主而言能够简化管理环节，减少投资、缩短工期，使投资效率、投资效益、产品品质更高；对总承包方而言能够使企业综合实力更强，发展规模更大、效益来源更多元、抗风险能力更强；工程总承包同时又能促使分包方朝专

前　言

业更强、管理更精细的方向发展。因此，工程总承包代表了建筑业的发展趋势。

目前在国内，工程总承包模式发展总体上还处于探索阶段，绝大多数企业还缺少先进的理念、完善的机制和有效的工作方法作支撑。本书作者借助自己长期在央企建筑企业工作的实践，借鉴国内外成熟企业发展工程总承包模式的经验，创造性的提出了“工程总承包卓越管理”的理念，首次明确“工程总承包卓越管理”概念、体系建设、工作内容、工作方法及“工程总承包卓越管理”管理目标，此概念在国内外属首次提出，必将推动工程总承包管理的升级。

在工程总承包卓越管理中，笔者更注重个体价值的实现，强调绩效管理；强调设计、采购及建造之间的高度融合；提出“设计为主、建立分包人为伙伴关系、接口管理出效益、‘控圆缩方’成本管理、注重工程筹划”等系列管理理念；更加强调协调在工程总承包卓越管理中的作用，充分发挥工程总承包管理的集成优势和协同优势。

全书共五篇八章，立足于工程总承包的跨越式发展，对工程总承包卓越管理过程进行全面阐述，并通过两个成熟案例的分析，从项目管理角度说明设计和协调在工程总承包管理中的突出作用。

在全球经济一体化和积极探索工程项目全生命周期管理的背景下，追求更大效益和更高效率的管理方式是企业管理者和项目管理者不懈努力的方向，对工程总承包管理模式进行深入探索、研究很有必要。工程总承包卓越管理的提出，是落实中央要求、国企高质量发展、打造世界一流示范企业的要求，对建筑行业的健康快速发展具有很强的指导意义。

邓尤东

2020 年 8 月

EPC

Excellent EPC Management

目 录

第一篇 工程总承包卓越管理理念

工程总承包卓越管理是以工程项目为平台,深度融合设计、采购、施工等环节，通过自我管理和组织管理，发挥团体成员价值创造，实现业主目标、企业目标的实践。

工程总承包卓越管理立足于项目管理，除需要进行理念上的转型外，工程管理必然涉及企业的组织体系、管控体系、绩效体系和资源体系的深刻变化，是一项系统性极强的创新性工作。全面推进工程总承包管理必须要从整体规划、系统联动，从体系上解决。

第三篇 工程总承包卓越管理内容

工程总承包不是简单的设计＋采购＋建造，而是三者同为一个利益体。工程总承包管理精髓是“设计、采购、建造的深度融合”，将采购纳入设计程序，充分发挥“设计”的龙头作用，让设计充分介入工程建设全过程，指导采购和建造，并吸收采购和建造的反馈意见、调整设计，形成高效的互动和互促，更好地保障工程进度、质量安全、投资控制。

第四篇　工程总承包卓越管理方法

实行“两层分离”的管理模式，企业与项目两层分离、总包和分包两层分离，构建八个管理团队，完善五个专业工作体系，制定各项管理办法，实现业主、企业目标。

第五篇　工程总承包卓越管理案例

“设计是龙头、建造是核心”，设计工作是工程总承包项目管理的核心工作，贯穿项目实施全过程。以重庆轨道交通九号线项目为例，详细阐述设计在 EPC 项目管理中的应用。

工程总承包不是一般意义上的设计、采购和施工环节的简单叠合，重视运用总承包的协调组织能力，即协调设计、采购、施工的深度融合，协调接口管理，协调外部环境，其协调能力即管理能力。以重庆市龙洲湾隧道项目为例，详细阐述协调在EPC项目管理中的应用。

EPC

Excellent Management on
EPC of Construction Enterprises

第一篇

工程总承包卓越管理理念

01 价值

工程总承包发展历程及展望

随着建筑企业走出国门，原来单一的施工总承包模式显然不能满足要求，工程总承包模式进入快速发展阶段，同时在国家政策的大力支持下，工程总承包已成为建筑业的发展主流。

建筑产业发展历程及时代背景

建筑产业是国家的基础产业，关系到国计民生，也是目前国家经济发展的支柱产业。据统计，2019年，全国建筑业完成总产值24.84万亿元，年均增长5.68%，年度增加值达到7.09万亿元，占国民生产总值99.09万亿元的7.16%，建筑业对GDP的贡献率为7.2%；全国各类型建筑业法人单位已超过120万家，具有总承包和专业承包资质的建筑企业已达到10.4万多家，年均增长8.7%；2019年，全国建筑业从业人员达到5427.37万人，建筑业从业人数占全社会就业人员总数的7.01%。中国的建筑业规模壮大，技术先进，设备专业，结构优化，实力正大幅提升，完成了国家体育场（鸟巢）、三峡工程、青藏铁路、南水北调、高铁、城市轨道等一大批举世瞩目的工程，为国家经济奠定了坚实基础，为社会发展做出了突出贡献。中国的建筑业发展大致经历以下阶段：

第一个阶段：起步阶段，1949～1960年。中国进入一个全新的建设新时代，在计划经济体制下，完成国民经济的总体布局，大规模建设在全国展开，建筑业得到快速扩张。此阶段设计和施工力量十分薄弱，工程项目以国家计划任务为主，以政府部门成立建设指挥部，自行设计、施工、采购，自行组织工程项目建设。期间苏联援助中国304个工程项目，管理模式和技术都对中国的建筑业发展起到推动作用。此阶段国民经济大发展，建筑产业模式和体制基本形成，为今后中国建筑业的发展奠定基础。典型建筑为人民大会堂、长春一汽等。

第二个阶段：探索阶段，1960～1984年。中国建筑业进入积极探索、改革阶段，尤其1978年十届三中全会把党和国家的重心转移到社会主义经济建设上来，建筑产业被列为国家支柱性产业，中国的建筑企业开始探索建筑市场机制，管理机制得到激活，建筑业迈开了改革步伐。1984年颁布的《关于改革建筑业和基本建设管理机制若干问题的暂行规定》，标志着建筑业改革的全面启动和基本建设管理机制的重大转变。企业承包经营制全面推行，实行厂长经理负责制，推行工程招标承包制。此期间的组织模式仍以指挥部为主，政府主导。葛洲坝水电站、京秦铁路复线、青藏铁路等一大批大型现代化工程项目得以实施，

1984 年中国建筑集团在深圳国贸大厦以“三天一层楼”的速度创造了中国的“深圳速度”。

第三个阶段：规范阶段，1984 ~ 2014 年。随着“鲁布革水电站经验”的推广和冲击，以招投标为突破口，国家引入竞争机制，并以“管理层和劳务层分离”为标志，全面推行“项目法”，开启了我国建筑业生产方式和建设工程管理体制的深层次改革。1998 年 3 月《中华人民共和国建筑法》正式实施，《中华人民共和国招投标法》《建设工程监理规范》等一批法律法规、规范相继颁布，建筑市场走向规范化、法制化轨道，“法人管项目”理念得到推广。这种模式主要体现为“三集中”，即“资金集中管理、大宗材料集中采购、劳务集中招标”，实现企业管理体系的精细化和法人管项目的具体实施。此阶段工程总承包模式在化工行业开始探索，并在全国逐渐发展，但总体上以施工总承包为主，项目的立项、设计、施工、运维各成体系，呈专业化发展。该阶段建筑产业产值保持快速发展，市场竞争带来的成本理念、履约意识得到极大加强，但项目管理模式较单一，项目管理粗放，管理水平较低。典型工程为三峡大坝、京九铁路、高铁建设等。

第四个阶段：高质量发展阶段，2014 年至今。国家“一带一路”倡议和供给侧改革战略的提出，为中国的建筑业带来深刻影响。中国建筑业加快了走出去的步伐，建筑规模快速增长，据统计，2017 年国内建筑企业在“一带一路”沿线国家业务占境外业务总量的一半，2018 年全国有 69 家企业入围国际承包商 250 强；工程管理朝“标准化、信息化、精细化”发展；管理模式呈现多元化，PPP、EPC 快速发展。期间以财政部 2014 年下发的《关于推广运用政府和社会资本合作模式有关问题的通知》、国资委发布的《关于开展政府和社会资本合作的指导意见》及住房和城乡建设部于 2020 年 3 月 1 日正式实行的《房屋建筑和市政基础设施项目工程总承包管理办法》（建市规〔2019〕12 号）为标志，推动建筑企业高质量发展，装配化、绿色化、信息化都取得了一定成效。

项目管理模式演变

目前国内工程项目的管理方式主要以施工总承包为主，随着2001年加入WTO及“一带一路”倡议的提出，国内建筑企业纷纷走出国门，进入更为广阔的世界建筑市场，甚至与世界先进的建筑企业同台竞争，中国企业面临更多的市场机遇和挑战。一些业主提出更多的价值服务要求，比如希望在项目规划、管理、设计、运维、培训等方面提供更多价值创造，国内企业原来单一的施工总承包模式显然不能满足要求，一些企业于是调整方向，探索多元化的项目管理方式，增强国际竞争力；同时由于近几年国内劳务市场发生了变化，由原来的劳务过剩变成劳务紧缺，人才流动和信息化的快速发展使企业的管理水平和技术水平迅速提高，建筑市场竞争愈发激烈，施工总承包模式能够产生的效益被摊薄，加上国家在政策上的导向作用，企业纷纷转化管理模式，延伸在建筑链条上的服务范围，规划、设计、运维都是企业纵向探索的方向，寻求更大范围的价值创造和利润增长点，在此大环境下，PPP、EPC、BOT、CM等模式在国内得到快速发展。

目前国内的各种管理方式较多，主要在融资、项目管理、规划、设计、建造、运维、转让等方面进行交叉，总结国际上通行的项目管理方式，笔者将其汇总列表，供参考。工程项目承包模式见表1-1。

工程项目承包模式 **表1-1**

序号	分类	全称	简称	含义
1	工程项目建设模式	设计-招标-建造平行发包模式	DBB	由业主委托建筑师或咨询工程师进行前期的各项工作，待项目评估立项后再进行设计。在设计阶段编制施工招标文件，随后通过招标选择承包商。在工程项目实施阶段，工程师则为业主提供施工管理服务
2		设计-建造	DB	也称交钥匙模式。是在项目原则确定之后，业主选定一家公司负责项目的设计和施工。这种方式在投标和订立合同时是以总价合同为基础的。设计-建造总承包商对整个项目的成本负责，他首先选择一家咨询设计公司进行设计，然后采用竞争性招标方式选择分包商，当然也可以利用本公司的设计和施工力量完成一部分工程

续表

序号	分类	全称	简称	含义
3	工程项目建设模式	设计 - 采购 - 施工工程总承包模式	EPC	工程总承包企业按照合同约定，承担工程项目的设计、采购、施工、试运行服务等实行全过程或若干阶段的承包，并对承包工程的质量、安全、工期、造价全面负责
4		设计 - 建造 - 运营	DBO	政府赋予投资人特许经营权，由其负责项目的设计和建设，并在项目建成后的一定期限内进行项目的运营，至期满后将项目移交于政府或所属机构
5	带融资性质建设模式	公共部门与社会资本合作模式	PPP	在公共服务和基础设施领域，政府采取招标等竞争性方式选择具有投资、运营管理能力的社会资本，双方签订长期合同，由社会资本承担设计、建设、运营和移交，并通过“使用者付费”及必要的“政府付费”获得合理投资回报
6		建造 - 运营 - 移交模式	BOT	是指一国财团或投资人为项目的发起人，从一个国家的政府获得某项目基础设施的建设特许权，然后由其独立式地联合其他方组建项目公司，负责项目的融资、设计、建造和经营。在整个特许期内，项目公司通过项目的经营获得利润，并用此利润偿还债务。在特许期满之时，整个项目由项目公司无偿或以极少的名义价格移交给东道主国政府
7		建造 - 移交模式	BT	是 BOT 模式的一种变换形式，主要适用于建设公共基础设施，BT 建设承包人负责建设资金筹集和项目建设，并在项目完工时立即移交给政府，政府向 BT 建设承包人支付工程建设费用和融资费用，支付时间由 BT 建设双方约定（可能是工程建设开始）
8		设计 - 建设 - 融资 - 运营	DBFO	从项目的设计开始就特许给某一机构进行，直到项目经营期收回投资和取得投资效益
9	组合使用管理模式	施工管理承包模式	CM	又称“边设计、边施工”方式。由业主委托 CM 单位，以一个承包商的身份，采取有条件的“边设计、边施工”，着眼于缩短项目周期，也称快速路径法，直接指挥施工活动，在一定程度上影响设计活动，而它与业主的合同通常采用“成本 + 利润”方式的这样一种承发包模式。此方式通过施工管理商来协调设计和施工的矛盾，使决策公开化
10		项目管理承包模式	PMC	指项目管理承包商代表业主对工程项目进行全过程、全方位的项目管理，包括进行工程的整体规划、项目定义、工程招标、选择 EPC 承包商，并对设计、采购、施工、试运行进行全面管理，一般不直接参与项目的设计、采购、施工和试运行等阶段的具体工作

工程总承包发展历程

1. 国际工程总承包发展历程

传统的施工承包模式主要是DBB（Design-Bid-Build），该模式存在项目建设周期长、成本高、对项目建造中的质量责任无法明确等缺陷，20世纪60年代，西方发达国家出现了最早的工程总承包模式，其代表模式即为设计-建造模式，即DB（Design-Build）模式。美国是应用DB的典型代表，在美国，第一个采用DB模式实施的公共项目是1968年的一个学校建筑，在这个项目中，业主采用了绩效规程进行招标，并不像传统的项目提供设计图纸，中标单位也不是最低价，此种模式的成功经验很快被广泛推广，基于竞争的DB模式得到建筑业认同。美国建筑师协会（AIA）于1985年发行了第一个DB合同，1993年，成立了由建造师、设计师、业主和其他专业成员的DB组织-DBIA协会（Design-build Institude of America），协会致力于DB模式的研究、运用。20世纪80年代初，首次在美国出现了设计-采购-施工（EPC）的工程总承包模式，主要集中应用在化工、水利、电力行业项目。1999年，FIDIC编制了标准的EOC合同条件，促进了EPC的推广使用，同时，AIA、ICE、JCE也相继发布目前被广泛使用的合同范本，在国际总承包市场建立起了一套成熟的EPC合同体系。据美国DBIA统计，美国非住宅市场采用总承包的比例从1995年的25%上升到2015年的50%。目前，发达国家的工程总承包比例均超过30%，工程总承包作为一个成熟的模式已经在国际工程的发包模式中占据主导地位，已经成为目前国际项目建设的主要形式。

2. 我国工程总承包发展历程

我国工程总承包的最早提法起源于20世纪80年代初，化学工业部在设计单位率先探索推动工程总承包，1982年6月8日，化工部印发了《关于改革现行基本建设管理体制，试行以设计为主体的工程总承包制的意见》的通知，明确提出“为了探索化工基本建设管理体制改革的途径，部决定进行以设计为主体的工程总承包管理体制的试点”标志着工程总承包在国内正式起步。1984年由国务院颁布的《关于改革建筑业和基本建设管理体制若干问题的暂行规定》，提出了十六项改革举措，包括全面推进基本建设项目投资包干责任制、工程招标承包制等，标志着建筑业改革的全面启动和管理体制的重大转变。1992 年，建设部颁布实施了《设计单位进行工程总承包资格管理有关规定》，明确我国将设立工程总承包资质，取得工程总承包资质证书后方可承担批准范围内的工程总承包任务，至 1996 年，先后有 560 余家设计单位取得甲级工程总承包资格证书，2000 余家设计单位取得乙级工程总承包资格证书。1997 年，《建筑法》的颁布标志着工程总承包在我国的法律地位得到了明确。2003 年，建设部颁布了《关于培育发展工程总承包和工程项目管理企业的指导意见》，鼓励勘察、设计或施工企业在其资质范围内开展工程总承包业务，更是推动了工程总承包建设研究和实践的热潮，国内工程总承包进入全面探索阶段。2014 年 7 月，住房和城乡建设部印发《关于推进建筑业发展和改革的若干意见》，要求加大工程总承包推行力度，倡导工程建设项目采用工程总承包模式，鼓励有实力的设计和施工企业开展工程总承包业务，2016 年 5 月，住房和城乡建设部印发《关于进一步推进工程总承包发展的若干意见》，明确了联合体投标、资质准入、过程中承包商承担的责任问题等问题。2017 年 4 月，住房和城乡建设部印发《建筑业发展“十三五”规划》，提出“十三五”期间要发展行业的工程总承包、施工总承包管理能力，培育一批具有先进管理技术和国际竞争力的总承包企业。2020 年 3 月 1 日，住房和城乡建设部、发展改革委正式实施《房屋建筑和市政基础设施项目工程总承包管理办法》（建市规〔2019〕12 号），标志着工程总承包模式已经在我国得到大范围推广，工程总承包进入加速发展阶段。历年推行工程总承包文件见图 1-1。

目前，大多数发达国家的工程总承包比例占总的工程发包比例超过 30%，少数发达国家超过 50%；2017 年，我国工程行业总营业收入为 22 万亿，其中工程总承包收入占整个行业收入的 9%，预计到 2025 年，国内工程总承包比例将占行业总收入的 30%，工程市场营业收入将达到 27.8 亿元，其中工程总承包市场将达到 8.4 万亿。以笔者所在的中国建筑第五工程局有限公司来说，2018 年，企业承揽工程总承包合同额 513 亿元，占企业年度合同总额的 18.5%；2019 年，

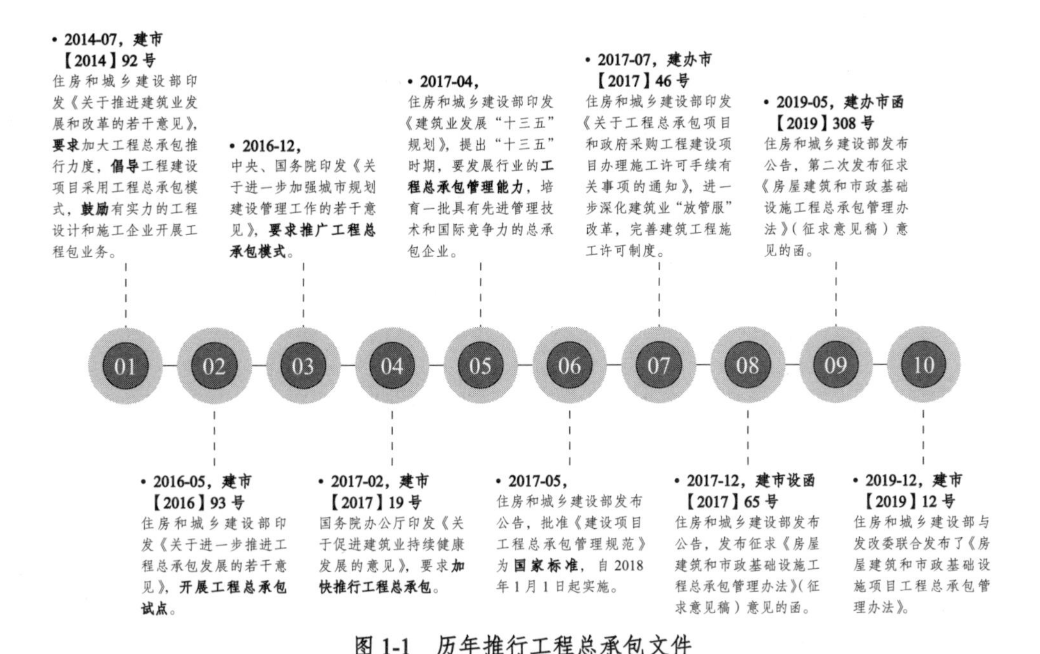

图 1-1 历年推行工程总承包文件

企业工程总承包合同额625.9亿元，占年度合同总额的21.2%。2020年，计划承揽工程总承包1000亿元，占比将达到25%。工程总承包模式得到政府的政策鼓励，发展工程总承包是国内建筑业的总体趋势，可以预见，工程总承包将是企业竞争新的制高点。

工程总承包发展展望

我国的工程总承包模式已经发展数十年，目前行业内普遍看好工程总承包模式，大型建筑企业纷纷进行管理方式转型。在国家政策的大力鼓励下，工程总承包的发展日益蓬勃，方兴未艾，已经成为建筑业的发展主流。

（1）工程总承包最新政策主要内容

住房和城乡建设部和国资委的〔2019〕12号文明确了在房建和市政基础设施项目中优先推广工程总承包模式，拉开了工程总承包加速发展的大幕，明确了实施工程总承包的责任主体、资质、分包行为等，进一步规范了工程总承包实施行为，主要内容概括为：

①明确建设单位承担的风险

主要工程材料、设备、人工价格与招标时基期价相比，波动幅度超过合同约定幅度的部分；

因国家法律法规政策变化引起的合同价格的变化；

不可预见的地质条件造成的工程费用和工期的变化；

因建设单位原因产生的工程费用和工期的变化；

不可抗力造成的工程费用和工期的变化；

具体风险分担内容由双方在合同中约定；

建设单位不得设置不合理工期，不得任意压缩合理工期。

②明确工程总承包施工、设计资质互认

鼓励施工单位申请取得工程设计资质，具有一级及以上施工总承包资质的单位可以直接申请相应类别的工程设计甲级资质。完成的相应规模工程总承包业绩可以作为设计、施工业绩申报；

鼓励设计单位申请取得施工资质，已取得工程设计综合资质、行业甲级资质、建筑工程专业甲级资质的单位，可以直接申请相应类别施工总承包一级资质。

③明确组成工程总承包单位的形式、范围

同时具有与工程规模相适应的工程设计资质和施工资质。或者由具有相应资质的设计单位和施工单位组成联合体；

设计单位和施工单位组成联合体的，应当根据项目的特点和复杂程度，合理确定牵头单位；

工程总承包单位不得是工程总承包项目的代建单位、项目管理单位、监理单位、造价咨询单位、招标代理单位。

④明确工程总承包发包方式

采用招标或者直接发包等方式选择工程总承包单位；

工程总承包项目范围内的设计、采购或者施工中，有任一项属于依法必须进行招标的项目范围且达到国家规定规模标准的，应当采用招标的方式选择工程总承包单位。

⑤明确发包人在招标前完成的事项

企业投资项目，应当在核准或者备案后进行工程总承包项目发包；

采用工程总承包方式的政府投资项目，原则上应当在初步设计审批完成后进行工程总承包项目发包；

简化报批文件和审批程序的政府投资项目，应当在完成相应的投资决策审批后进行工程总承包项目发包。

⑥明确可以分包

工程总承包单位可以采用直接发包的方式进行分包。

⑦明确了工程总承包合同

企业投资项目的工程总承包宜采用总价合同；

政府投资项目的工程总承包应当合理确定合同价格形式；

采用总价合同的，除合同约定可以调整的情形外，合同总价一般不予调整；

可以在合同中约定工程总承包计量规则和计价方法。

⑧明确项目经理具备的条件

取得相应工程建设类注册执业资格，包括注册建筑师、勘察设计注册工程师、注册建造师或者注册监理工程师等；未实施注册执业资格的，取得高级专业技术职称；

担任过与拟建项目相类似的工程总承包项目经理、设计项目负责人、施工项目负责人或者项目总监理工程师；

熟悉工程技术和工程总承包项目管理知识以及相关法律法规、标准规范；

具有较强的组织协调能力和良好的职业道德；

工程总承包项目经理不得同时在两个或者两个以上工程项目担任工程总承包项目经理、施工项目负责人；

工程总承包项目经理依法承担质量终身责任。

（2）工程总承包发展展望

当前，EPC工程总承包越来越多地出现在国际大型工程承包市场上，正成为发达国家工程建设管理的主流模式之一，2003年以来，欧美日等国已有一半以上的工程项目采用了EPC方式。在我国，建筑业无论是政策导向还是内在需求，发展工程总承包都是大势所趋。企业出于自身整合产业链的发展考虑，加上政府出台的政策支持，发育工程总承包模式正在成为建筑企业转型的热门选择。住房和城乡建设部在《建筑业发展“十三五”规划》中，把培育全过程咨询、推行建筑师负责制、推广装配式建筑、加快推进建筑信息化模型（BIM）运用作为国家大力推动的与国际接轨的管理模式，这与现行推行的工程总承包模式具有高度一致性，并为这些管理模式提供了实施的载体。

全过程工程咨询与工程总承包相辅相成。工程总承包与全过程工程咨询均提出工程建设的全过程管理，均强调“设计”的核心作用；全过程工程咨询与工程总承包单位之间是一种管理与被管理的关系，全过程工程咨询作为建设单位的咨询方，工程总承包作为建设单位的承包方；从国际工程公司的发展来看，一个成熟的工程公司既能够承担全过程工程咨询，亦能承担工程总承包，角色不同而已。因此，工程总承包的发展能推动全过程工程咨询的发展。

工程总承包方式是推动装配式建筑发展的重要手段。长期以来，建筑行业一直处于粗放型和数量型的增长方式中，建设效率低，建造能耗大，推广装配式建筑，实行装配式构建工厂化生产，有利于提高施工质量，有利于加快工程进度，有利于提高建筑品质，有利于环境保护、节约资源。装配式建筑的实现须由建筑设计、构件厂、施工共同协作完成，要求实现设计、生产、施工的一体化，工程总承包无疑是装配式建筑的最优选择，住房和城乡建设部及各个省市的推进工程总承包的文件中无一例外地提出“装配式建筑原则上应采用工程总承包方式”。

工程总承包企业更有动力采用新技术。“十三五”建筑规划中明确推进建筑信息化模型（BIM）运用，由于传统模式下设计、施工、运营的分离，造成新的信息技术在各环节上各自使用又不互相兼容，客观上造成成本增大，使用信息技术带来的效果不显著，各上下游企业对采用建筑信息化模型（BIM）的动力不足。工程总承包的实施对项目参建方提出了更高的要求，通过推行信息化模型（BIM）技术在工程设计、采购、施工等全过程的集成应用，实现总承包项目在成本、技术、施工、采购等全领域、全生命周期的数据采集、分析，实现对项目成本与品质的精确管控，为项目的前期决策、过程管控、项目后评估提供高效精准的工具。管理链条的拉长使工程总承包企业更有动力、更有必要采用建筑信息化模型（BIM）新技术。

（3）我国目前实施工程总承包现状及进行管理升级的必要性

在国家政策的推动下，目前我国工程总承包管理模式正快速发展，各省市、部门、建筑企业都在积极调整管理思路，改变工作方法，以适应工程总承包管理模式需要，但总体而言，工程总承包管理模式的发展还处于积极的探讨阶段，建筑领域仅在房屋和市政基础设施范围内推广，推行过程中出现一系列问题亟待解决。如政策层面缺少工程总承包项目招投标管理办法、工程总承包评标专家及工程项目竣工审计与结算管理办法等；总承包企业普遍存在对工程总承包管理模式认识不足、理念不清晰、体系不健全的问题，管理办法单一，甚至用施工总承包的管理方法管理工程总承包项目；有的企业虽然完善了设计、采购、商务等专业体系，但缺少各体系之间的高度融合，协调工作不够，工程总承包管理模式优势体现不突出。对此，我们在工程总承包管理的价值目标创造、管理理念、管理体系建设、管理方略、各专业体系的协调融合等方面仍需进行深入探讨，工程总承包管理需要再上台阶。

02 理解

工程总承包基本概念

工程总承包是对建设项目的设计、采购、施工、试运行等实行全过程或若干阶段的承包，比较规范的分类为 EPC 模式、DB 模式、EP 模式。

工程总承包概念

1. 国内关于工程总承包概念的解释

住房和城乡建设部定义：根据住房和城乡建设部、发展改革委《房屋建筑和市政基础设施项目工程总承包管理办法》（建市规〔2019〕12号）的最新解释，工程总承包是指承包单位按照与建设单位签订的合同，对工程项目设计、采购、施工或者设计、施工等阶段实行总承包，并对工程的质量、安全、工期和造价等全面负责的工程建设组织实施方式。

国家规范：根据2018年1月1日起实施的《国家建设项目工程总承包管理规范》GB/T 50358-2017规定，工程总承包指依照合同约定对建设项目的设计、采购、施工、试运行等实行全过程或若干阶段的承包。

2. 国际通行对EPC概念的解释

EPC英文全称Engineering / Procurement / Construction，是指总承包单位按照合同约定，一体承担工程项目的设计、采购、施工工作，并对承包工程的质量、安全、工期、造价全面负责的总承包方式。FIDIC《设计采购施工（EPC）/交钥匙工程合同条件》（1999年版）中指出“业主采用EPC项目管理模式的基本宗旨是：使项目的最终价格和要求的工期具有更大程度的确定性；由承包商承担项目的设计和实施的全部职责，雇主（业主）介入很少；由承包商进行全部的设计、采购和施工（EPC），提供一个配备完善的设施，转动钥匙即可运行”。

工程总承包三个本质条件

工程总承包的概念内涵丰富、外延广泛，具有显著的模式特点，概括起来，其最本质的条件为：强调总承包方的单一责任主体和设计在管理中的主导作用，项目计量方式以总价合同为主（2019年12号文第十四条 企业投资项目的工程总承包宜采用总价合同,政府投资项目的工程总承包应合理确定合同价格形式），项目管理中注重设计、采购、施工的深度融合。EPC三个本质条件见图2-1。

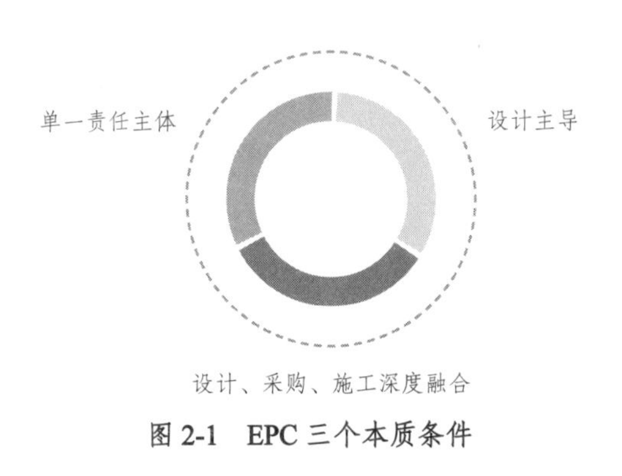

图2-1 EPC三个本质条件

工程总承包相关概念及理解

（1）设计（engineering）

国内规范将EPC中的设计定义为：将项目发包人要求转化为项目产品描述的过程。即按合同要求编制建设项目设计文件的过程。查阅相关文献，有学者认为“设计是把客户的需求转换成系统性的基于技术的解决方案”。也有学者认为EPC中的E不应简单理解为“设计”，应是“以业主方设定的需求目标为依据，应用有关的科学知识和技术手段，通过有组织的一群工程师在一个较长时间周期内进行协作，经过深思熟虑创造出具体可实施性方案，可将某些现有物质转化为具有预期使用价值的基础设施的一系列过程”。笔者认为结合工程总承包特点，设计工作不仅包括施工图纸的编制过程，同时包含工程规划、设计与采购、施工等环节相融合内容，综合性表述更符合工程总承包的特点。

（2）设计管理（management of design）

设计管理是整合设计资源对设计进度、质量、造价、技术合规性等进行持续优化以达到价值最大化的工程。

（3）采购（procurement）

为完成项目而从执行组织外部获取设备、材料和服务的过程。包括采购、催交、检验和运输的过程。在工程总承包项目管理中，采购工作不仅包括通常意义上的物质、设备采购工程，也包括各种服务，如技术成果、专利及分包商的采购等，EPC更加注重采购工作的前移和价值创造，要前移至设计阶段，用以支撑设计、保障施工。

（4）施工（construction）

把设计文件转化为项目产品的过程，包括建筑、安装、竣工试验等作业。在工程总承包中，工程实体的施工和安装由各专业分包项目部执行，总承包项目经理部的重点是“全面地计划、统一地控制、集中地协调”，尤其是现场公共资源协调以及众多的接口管控，而不是施工过程的局部执行。

（5）试运行（commissioning）

依据合同约定，在工程完成竣工试验后，由项目发包人或项目承包人组织进行的包括合同目标考核验收在内的全部试验。试运行是业主或未来设施运营方对总承包方交付的建造成果进行系统性检验的过程，试运行的成果将关系到是否接受或不接受项目的交付成果。越来越多的总承包方重视试运营，并且将试运营前移，在设计、采购阶段就明确调试要求，并在分供方招采文件中予以明确，要求分供方提交详细的检测与调试计划，尤其是涉及其他分包方的接口检测与调试，以及调试准备、实施与记录等全过程控制工作。调试工作应贯穿项目整个过程，是从个别功能检测到集成功能检测的过程。

（6）接口（interface）

接口一词在IT行业应用广泛，如电脑硬件接口等。工程总承包中的接口内涵和外延都得到了拓展，不仅仅指工程实体之间的结合部位，也有管理的无形接口，如部门之间、工序之间、流程之间，甚至人和物之间的衔接关系。工程总承包中的接口是指项目中系统与系统之间以及系统各部门之间或者项目实施的各流程、各专业之间存在的连接部位物质、信息、能量的交互作用状况。按项目推进阶段，分合同接口、设计接口、建造接口；按接口属性，分物理接口、空间接口、功能接口。

（7）接口管理（interface management）

工程总承包中接口管理指对各种接口进行有效协调和沟通的过程。由于多单位、多专业、工期长的特点，工程总承包项目各类接口较多，对接口的管理体现了一个总包单位在工程总承包项目管理的能力。

（8）赢得值（earned value）

已完工作的预算费用（budgeted cost for work performed），用以度量项目进展完成状态的尺度。赢得值具有反映进度和费用的双重特性。

（9）项目人力资源管理（project human resource management）

通过组织策划、人员获得、团队开发等过程，使参加项目的人员能够被最有效地使用。

（10）项目信息管理（project information management）

对项目信息的收集、整理、分析、处理、存储、传递与使用等活动。

（11）项目风险（project risk）

由于项目所处的环境和条件的不确定性以及受项目干系人主观上不能准确预见或控制等因素的影响，使项目的最终结果与项目干系人的期望产生偏离，并给项目干系人带来损失的可能性。

（12）项目风险管理（project risk management）

对项目风险进行识别、分析、应对和监控的过程。包括把正面事件的影响概率扩展到最大，把负面事件的影响概率减少到最小。

（13）项目职业健康管理（project occupational health man-agement）

对项目实施全过程的职业健康因素进行管理。包括制定职业健康方针和目标，对项目的职业健康进行策划和控制。

（14）项目环境管理（project environmental management）

在项目实施过程中。对可能造成环境影响的因素进行分析、预测和评价，提出预防或减轻不良环境影响的对策和措施，并进行跟踪和监测。

工程总承包分类

目前建筑市场关于工程总承包分类比较多，有的以 FIDIC 合同模式为基础、以 EPC 为中心，向工程建设的上下游延伸，甚至包含投融资、运营、项目监理等内容，延伸模式达十余种，概念模糊，分类较杂，和目前我国对工程总承包的定义不符，甚至违背了工程总承包产生的初衷。

工程总承包一直强调设计的龙头作用，强调设计采购施工的深度融合，因此设计阶段必须是工程总承包不可缺少的重要环节。判断工程总承包的三个基本特征是：设计采购施工的深度融合、设计在项目中主导作用、以总承包方为主的单一责任主体。

依据《房屋建筑和市政基础设施项目工程总承包管理办法》（建市规〔2019〕12 号）的最新解释，工程总承包是指“承包单位按照与建设单位签订的合同，对工程项目设计、采购、施工或者设计、施工等阶段实行总承包”及“工程总承包单位不得是工程总承包项目的代建单位、项目管理单位、监理单位、造价咨询单位、招标代理单位”的表述，我国的工程总承包目前以“设计 - 采购 - 施工”和“设计 - 施工”两种模式为主流，还应包括其他阶段的工程总承包模式，因此比较规范的分类有三种：EPC 模式（设计 - 采购 - 施工总承包）、DB 模式（设计 - 施工总承包）及 EP 模式（设计 - 采购总承包）。EPCM（设计 - 采购 - 施工 - 项目管理总承包）及 PC 模式（采购 - 施工总承包）都不属于严格意义上的工程总承包范畴。我国目前工程总承包的标准模式见图 2-2。

EPC 模式：设计 + 采购 + 施工总承包
DB 模式：设计 + 施工总承包
EP 模式：设计 + 采购总承包

图 2-2　我国目前工程总承包的标准模式

工程总承包优势

对发包方而言，采用工程总承包模式具有明显优势，概括有：

（1）有效控制投资

项目建设由过去传统模式下的业主分阶段管理变为专业设计院统筹考虑，减少了管理环节，专业设计人员在项目建设过程中的“无缝”介入，也使项目建设过程更加专业化，项目管理更符合建设规律和社会化大生产的要求。在以专业设计院为主体的EPC总承包模式下，业主只需签订一个EPC总承包合同。传统模式中的设计委托合同、设备采购合同、施工合同等均纳入EPC总承包合同，合同关系简单明确，有利于项目的组织与协调。

项目的建设投资水平主要取决于设计阶段的投资控制。对设计阶段投资控制的重要程度，业内普遍认同的观点是：项目产品成本的80%～90%是约束性成本，并且在项目的设计阶段就已确定；而在工程实施阶段影响项目投资的可能只有10%～20%。在EPC项目投标过程中，专业设计院采取的设计方案既要满足业主的功能要求，又要保证标价合理，以满足竞标的需要。这就使专业设计院从设计方案着手降低工程造价，从源头上去挖掘潜力，有利于降低工程造价。

进行投资风险转移。充分调动设计单位控制造价的积极性和自觉性，主动推行限额设计；充分融合施工方案和建筑材料等方面经验，提高设计的可施工操作性；注重优化设计方案，提高设计质量，减少后期设计变更。

（2）提高工作效率，缩短建设工期

工程项目建设周期一般包括：前期阶段、设计阶段、设备采购阶段、施工阶段和试运行阶段等，而设计咨询服务贯穿于项目建设的全过程。专业设计院可以在设计阶段就考虑设备的选型采购，缩短设备的采购周期。

可以在设计和设备选型的同时，根据施工工艺水平考虑结构形式和施工方法，缩短项目的施工周期；可以在施工的同时提前考虑进行设备的单机调试和联动调试，缩短项目的试运行周期。因此，以专业设计院为主体的EPC总承包，可实现设计、采购、施工、试运行的进度深度交叉，在确保各阶段合理周期的前提下缩短总建设周期。

（3）强化设计责任，提升工程质量

工程总承包单位确立为项目的第一责任人，工程质量责任主体更为清晰明确，利于减少推诿扯皮。能最大限度减少设计文件错、漏、碰、缺，提高设计质量。能使施工经验与新技术的应用相结合，最大限度优化设计方案，提高设计的可实施性。

（4）管理关系简化，降低交易成本

建设单位只与工程总承包商签订合同，合同关系简单明了。减少建设单位招标、合同谈判、施工管理协调等方面工作，大大降低管理费用。将建设单位从传统模式纷繁复杂的项目管理工作中解脱出来，重点关注项目定位、建设标准、投资限额及后期运营管理。

对总承包方而言，从原来的施工总承包管理跃升为工程总承包的管理，拉伸了工程管理线条，企业能从工程总承包的项目规划、设计、采购、安装、建造、培训等更多环节获取效益；通常，工程总承包项目规模都比较大，相比较施工总承包，企业也能获取大份额的市场规模，实施集中管理，产生规模效益；工程总承包项目注重设计的龙头作用、信息化的管理手段、管理资源的建立使用、多专业多接口的协调沟通等综合管理，因此要求管理人员综合素质更强，管理层次更高，更宜使企业立足于建筑业的高端发展。

工程总承包模式适用条件

工程总承包兴起之初是以交钥匙方式为业主承建工程项目，适用于业主方希望能事先确定总价和工期的项目，不少私人融资项目和政府公共部门都趋向采用此类模式，国际上以 FIDIC《设计采购施工 / 交钥匙（EPCT）项目合同条件》（银皮书）（1999 年第一版）为最新使用。此种模式的适用条件：

（1）投标人有足够的时间、能力对业主的要求进行风险评估和估价。投标人应能根据业主提供的资料对业主提出的工程标准、范围、工期、技术标准等充分了解，在此基础上进行规划设计、风险识别和评估、估价，向业主递交设计先进可靠、工期报价合理的投标文件。

（2）工程项目中应不含有较多的隐蔽工程。如果工程项目中涉及较多的地下工程或投标人未能调查的区域内的工程，承包商无法准确识别工程风险，无法判断工程量，就无法进行合理报价，只能以估价的方式增加风险费，最终可能损害其中一方利益。

（3）业主不能过多干预总承包方的工作。合同规定承包商负责设计、采购、施工、试运行的全过程，并承担全部责任，业主就没有必要过多干预承包商的行为，包括大部分设计图纸、施工方案等控制总承包方的工作，业主可以委派代表进行监督。

（4）减少计量支付环节。工程总承包一般采用固定总价合同，计量按照合同约定采用月支付或里程碑式节点支付方式，因此不需要请工程师审核图纸、审核工程量、签发计量证书等环节。

工程总承包风险

欧洲一些承包商以工作范围界定不充分、设计施工过程混乱、风险和责任分配不合理、对发包方的索赔和争议无限制而对承包商的索赔和争议条款要求很严等理由反对“银皮书”。

1. 对发包方的风险

除 2019（12 号文）所列的发包方所承担的战争、骚乱等风险外，由于工程总承包特点，发包方还存在以下风险：

（1）招发标的难度加大

由于具备设计、施工、项目管理的综合管理人员较缺少，对项目的风险识别不完整，能够承担工程总承包能力、成熟的工程总承包企业较少，估价往往偏高，发包方选择的范围变窄，可选性不足。

（2）合同条款不易确定

由于总承包方承担的建设范围变宽，涉及设计、采购、建造、试运营等环节，合同条款涉及面多，往往造成发包方、总承包方各自表述和理解不相一致，造成争议内容多。

（3）质量控制难度大

其原因是质量标准和功能要求不易做到全面、具体、准确，质量控制标准制约性受到影响，其次，工程总承包的特点决定业主不宜对总承包方过度管理，由此质量控制机制变弱。

2. 对总包方的风险

由于风险转移和项目管理链条的拉长，对总承包方而言，采用工程总承包的风险比施工总承包的风险大得多，主要有：

（1）投标报价风险

在 EPC 总承包模式下，承包商按照合同条件和业主要求所确定的工程范围、质量要求和工作量进行报价。项目决策阶段业主不提供具体的施工图纸，所供资料较粗略，设计构想与施工方案不确定，或者频繁变化，由此造成实际工程量与预估有较大差异；大型设备、材料、人工费用上涨且之前未充分考虑。

在 EPC 大型项目中，投标费用昂贵，由于大部分风险转嫁给了总承包商，为了获取一定的利润承包商往往会提高报价，这样一来一旦没有中标，会造成一笔不小的浪费。同时由于施工中发生工程变更或出现不可预见事件的发生等不确定因素的存在，导致投标报价存在较大失误风险。

（2）合同缺陷风险

根据相关法律法规规定，工程项目中一旦发生纠纷、冲突、矛盾，均要依照合同中的规定解决协调，足以见合同的重要性。因此双方在签订合同时，一定要明确各自的责任义务范围，尽量避免合同文件的含糊不清、遗漏、相互矛盾等。

（3）项目设计风险

合同规定，承包商应被视为在基准日期前已仔细审查了业主要求，这导致承包商的工程范围的不确定性更大，故要求承包商在投标前确保已经正确完整地理解业主的目标。同时，设计是 EPC 总承包的龙头，设计工作不光要满足业主的功能要求和质量要求，还要考虑和施工、采购之间科学合理的衔接。各项工作之间的有效衔接是 EPC 模式的优越性之一，同时他们之间能否有效衔接也成了 EPC 项目要获得成功所面临的主要风险。

（4）施工管理风险

在项目实施过程中，时间、空间的不确定性很容易造成工期拖延和费用增加，给施工中的管理提出了很大的考验。施工阶段要重视 HSE（健康、安全与环境）管理问题，特别包括工作现场、施工过程中存在的或可能存在的环境因素和危险源的识别。在 EPC 合同条件下，承包商要单方面承担发生最频繁的“外部自然力”的作用以及一切“不可预见的困难”，这样无疑进一步加大了 EPC 总包商在项目实施工程过程中的风险性。

（5）分包商风险

由于一般总承包项目规模都比较大，涉及专业技术种类多，一般总承包后还要再分包。如果选择失误，分包商资质不够等原因会造成工期拖延、成本增加等不利影响。由于总承包项目各部分之间工作的紧密联系，某一分包商的违约行为会对整个项目的进度造成重大影响，这使得总包商承担由分包商失误所造成的损失的风险也急剧增加。因此，各分包商的资质和履约情况对于项目目标的实现和总包商的利益具有非常大的影响。

工程总承包实施阶段

工程总承包项目实施一般可分为以下阶段：

（1）标前跟踪阶段

有经验的承包商是从项目信息跟踪开始，通过市场调研，联系潜在战略客户，分析客户发展趋势，了解客户需求。通过接触，展现企业优秀一面，同时通过利弊分析，影响业主对工程项目模式的选择，优秀的承包商是从“造项目”开始的；在信息跟踪阶段，也可以充分了解到项目相关信息，如业主的融投资情况、初步设计基本情况、隐蔽工程情况等，甚至是投标阶段业主未能提供的信息，为企业下阶段是否参加投标、如何进行投标提供有价值的参考。

（2）投标阶段

根据招标文件要求，针对性编制投标文件。工程总承包的投标阶段重要的工作是递交设计方案，既要满足业主对项目质量要求，又要达到业主降成本、保工期的要求，要对项目进行总体规划，是充分展示投标人工程总承包能力的过程。工程总承包的招标一般是业主完成初步设计后开始。

（3）项目启动阶段

中标后针对项目特点进行初步分析，组建项目经理部，确定项目经理及关键人员，根据合同文件准备保函、税务外经证，海外项目还需取得中国驻项目所在国经参处支持函等。

（4）项目初始阶段

本阶段主要任务是进行项目实施策划和各项管理计划，具体确定项目各业务工作目标；进行总承包合同交底，企业对项目的管理目标的制定，项目部据此进行策划；公司与项目不签订管理责任书，明确管理目标和主要指标；建立临时设施，编制项目管理计划，如项目管理预算书、设计管理计划、资金使用计划、采购管理计划、质量管理计划等；选择确定设计、施工合作单位，与业主明确计量支付方案、各种竣工资料实施细则，编制项目施工组织设计方案报公司及业主审批等。

（5）项目设计、采购及施工阶段

是项目实施的主要阶段，主要落实项目管理目标及初始阶段制定的各项策划、计划，管理各业务要素。项目部紧密结合设计、采购、施工开展工期、质量及成本控制，工作重点是设计、采购、施工的深度融合，尤其是采购、施工环节管理要前移，和设计紧密对接，发挥设计的龙头作用。加强项目实施过程中的监督考核过程，公司通过报表、巡查进行有效管理，定期监控风险管理情况。

（6）项目试运行、验收及收尾阶段

项目试运行与验收阶段进行试运行及培训，开展竣工验收并移交工程资料，办理项目移交；收尾阶段进行现场清理、竣工决算，缺陷期限期满后获得履约证书，办理资料归档，进行项目总结，对项目进行考核评价，解散项目部。

工程总承包计量方式

工程总承包与施工总承包的主要区别之一是计量方式不同，施工总承包期中付款和最终付款由工程师证明，一般是按照工程量的测量及应用工程量或其他费率表中的费率和价格计算确定，其他估价原则在专项条款中约定；工程总承包期中付款和最终付款无需任何证明，一般参照付款计划表确定，按照时间或里程碑式付款。按照实际工程量的测量和应用价格表中的费率和价格的办法，可在专用条件中规定。

依据 FIDIC1999 年第一版《设计采购施工（EPC）交钥匙工程合同条件》中指出“由一个实体承担全部设计和实施职责的……最终价格和工期要求更大的确定性”的表述和市场上普遍采用的方式，国际上普遍推行的是固定总价合同模式。由于业主提升产品品质、增加工程量引起的变更需要在合同条款中明确。

目前我国规定工程总承包可以采用多种计量方式："企业投资项目的工程总承包宜采用总价合同，政府投资项目的工程总承包应当合理确定合同价格形式。采用总价合同的，除合同约定可以调整的情形外，合同总价一般不予调整"。比较常见的有固定总价、固定单价、固定单价+酬金、概预算总额承包等。

03 卓越

工程总承包卓越管理概念

工程总承包卓越管理是以工程项目为平台，深度融合设计、采购、施工等环节，通过自我管理和组织管理，发挥团体成员价值创造，实现业主目标、企业目标的实践。

目前国际总承包模式已由传统的设计 - 招标 - 建造（DBB）模式向设计 - 采购 - 施工一体化模式演变，形成 DB、EPC 等工程总承包经典模式及 EPCC、EPCM 多种衍生模式，即使在 EPC+F、BOT、PPP 等投融资模式下，工程总承包也是项目实施阶段的主要承发包模式，我国发展工程总承包的趋势也是坚定、明确的。工程总承包模式覆盖阶段更广，界面接口更多，如何优化组织结构、提高项目管理水平等都对管理者提出更高、更新的要求。

鉴于工程总承包模式应用的广泛性和复杂性，如何进行有效管理、成功运作工程总承包项目也越来越得到业界广泛的关注。管理是一门技术，是行动和应用，需要将许许多多的技术成果落到实处形成绩效；另一方面，管理也是一门艺术，管理的对象是人和人们的工作，也要关心人、人的价值和发展。和人打交道，必须会面不同的人群及其千变万化的感性和理性的认知，因此管理又是涉及主观判断的“艺术”，涉及人文学科。“世界管理学之父”彼得·德鲁克甚至认为“管理是一种博雅技艺”，即“博雅管理”，是所有管理者努力的方向。有效管理是可以认知的，也是可以学习的。作为社会组织机构的一个单元，工程总承包项目管理同样需要进行有效管理，也可以进行认知、总结和学习。笔者根据自己多年的管理经验，在借鉴各类管理成果的基础上，引入工程总承包卓越管理模式，在工程总承包管理模式的价值目标创造、管理体系建设、管理方略、协调组织的重要性、绩效考核等方面提供经验，供同行借鉴。

进行卓越管理的必要性

卓越管理是管理本质的的需要。和别的社会活动一样，工程管理是通过对人及人的行为进行组织，最终为服务对象提供产品和服务的过程。实施期间需要采用不同行业的不同技术、面对不同的被管理群体，尤其有别于施工总承包管理的设计、采购、施工的深层次融合更强调管理的作用，有效的管理至关重要。管理的本质包含几种含义：

（1）管理是实现目标的工具，也是一份责任，是一份授权（authorization），不是普通意义上的权力（power）。人生而平等，人性也是软弱的，经不起权力的引诱和考验，因为知识、品德和能力人只是在某一阶段被授权，同时又被赋予责任，成为管理者。管理者是具有授权之下的责任，因此管理只是实现项目目标的工具，认识到这一点，管理者才会谦卑且有责任感，才能公平、正义并时时检讨自己，也才会在社会规范和约束下工作。

（2）在项目组织中，每个人都是管理者，也是工作者。每个人都是平等的，都有自己的价值，有自己的创造能力，都有自己的功能，都应该被尊敬，而且应该被鼓励去创造。事实上，在工程总承包模式的管理中，发挥不同部门、不同专业个体的作用是极其重要的，每个人的作用发挥了，项目的卓越管理就会成为可能。“不论职位高低，只要你是管理者，就必须力求卓有成效”。

（3）绩效和成果是检验管理者的标准。从施工总承包到工程总承包的转变是从劳动密集型到知识密集型的转化，组织机构里的每位成员都可以凭借自己的专门知识对他人和组织产生权威性影响——知识就是权力，但权力一定是和责任捆绑在一起的。检验每位管理者是否负责的标准就是绩效和成果，凭绩效和成果问责的权力是正当的权力，也就是授权（authorization）。绩效和成果之所以重要，不单是在经济和物质层面，而且在心理层面都会对所有成员产生影响，也决定着工程总承包项目的发展方向。

（4）对项目成员品德和能力的提高是管理者能力的升华。对工程总承包项目来说，提供优质的产品和服务是最直接的要求，对象是业主，绩效和成果是管理可量化的标准；从发展的角度看，对参与管理者及员工的品德和能力的提高也是衡量管理者综合能力的方面，虽然没有可量化的指标。提升项目其他管理者、员工的综合能力显然能使企业优质发展、可持续发展，也满足参与者精神层面更高的需求，“不仅仅是薪酬，还有产品、荣誉等价值”。物质方面的满足是低层次、基本的，更高的追求、更大的价值和格局，是优秀人才的要求。越来越多的大型企业开始严肃面对这个问题，这对一个正在快速发展和缺少优秀工程总承包管理人才的工程企业也是至关重要的。

（5）卓越管理是企业发展的需要。国内建筑市场是一个无法被垄断的全开放市场，即使是在发展中的工程总承包领域也是如此，只有站得稳、跑得快，通过提供优质履约获得口碑，才能提高市场竞争力，才能获得更多的订单，实现企业向工程总承包的转向发展和优质规模发展，其内涵是企业对工程项目的科学管理能力。卓越管理是企业积极转型、占领行业制高点的需要。

（6）卓越管理是实现项目管理目标的需要。在工程总承包项目中，业主更关注项目的功能、技术标准和总工期等宏观目标，对项目的过程管理相对减弱，仅做有限控制。总包企业要负责从项目立项到运营全生命周期的全过程管理，要有完备的责任体系，强调设计牵头，又要实现设计、采购、施工、供应之间的交叉融合，减少责任盲区，进行功能互补。因此管理既要突出重点，又要相互协作，实现专业交融、各项管理前置，达到集成管理，非清晰的思路、有效的协调是完不成的；在项目实施中，要善于利用企业内部资源，协调业主、政府建设主管部门、监理公司、设计分包单位、施工分包单位、采购供应单位等利益相关方关系，尤其建立分包关系为伙伴合作关系，形成伙伴关系下的承诺、平等、信任、持续，建立问题解决系统，将对项目的良性发展奠定基础。这些不同于施工总承包的特征都要求在工程总承包的管理中实行卓越管理，才能实现业主目标和企业目标。

卓越管理概念

工程管理的概念比较抽象，定义也比较多，在国内，比较有代表的是“工程管理是指为实现预期目标，有效地利用资源，对工程所进行的决策、计划、组织、指挥、协调与控制”。

优秀的管理者总有一些与众不同的地方，其中他们共性的特点是自我管理，并且现代管理除强调项目目标的达成外，也注重组织成员中每个个体的价值创造，基于此，我们将工程总承包卓越管理的概念总结为“工程总承包卓越管理是以工程项目为平台，深度融合设计、采购、施工等环节，通过自我管理和组织管理，发挥团体成员价值创造，实现业主目标、企业目标的实践”。

卓越管理目标

工程管理首先要确定目标，管理目标是项目管理行为需要达到的终点，在项目实施中，不同的管理角度会确立不同的管理目标：业主一般确定的项目目标为时间目标、质量目标和费用目标；工程总承包企业更强调的是效益目标，所有企业最终都是以效益为目标；社会及大众关注的是有限资源是否最大限度地满足了人们对日益增长的物质文化需求，涉及经济效益、思想文化效益、生态环境效益；项目成员最关心的是自己的价值是否得以充分体现；设计、供应、施工等合作伙伴最关心的是项目的资金供应情况。综上所述，不同的项目相关方会有不同的目标诉求，所有的目标都是通过具体的工程项目得以实现，项目的目标太多太高不符合工程项目的一次性和阶段性特点，目标的确立须符合项目实际情况，并结合现代管理学内容为宜。

卓越工程总承包的管理目标在满足业主和总承包方设立的基本目标外，更强调参与项目建设的员工自我价值的实现和项目社会价值的最大化，工程总承包卓越管理目标为：

（1）质量目标。工程总承包项目提供的产品及服务需满足业主对工程项目的要求，包括实体质量、设备质量、安装质量、运行质量、培训质量及可维护质量等。

（2）费用目标。工程总承包项目的总体费用需要控制在业主与总承包方约定的费用范围之内，包括从项目报建、设计、采购、施工、试运营、竣工验交、资料交付、项目维护的全过程费用。双方约定增加的除外。

（3）时间目标。这里所说的时间目标指总承包方为完成项目任务给业主所承诺的合同时间，即合同总工期和项目进展关键节点时间。

（4）效益目标。指总承包方通过工程总承包项目的实施，希望获得的经济收益。最终的收益情况与项目特点、总承包方对项目风险认识及规避能力、工程总承包模式的管理能力、工程成本管控能力、地方政府的征迁速度及特殊事件等有关。

（5）员工能力增值目标。在知识密集型项目实施中，员工的积极性得到发挥，通过不同专业的融合，创造性地进行工作，个体价值得以自由张扬，专业能力、管理能力最终得到提高，实现员工能力增值的目标。

（6）社会价值目标。一项建筑产品占用公用场地、使用公共资源，最终要服从于社会需求，工程总承包项目的总承包方具有设计职能，有条件充分发挥自己的设计专业优势，融入前沿理念，在环境保护、人文宜居、智慧建造等方面进行创新，使建筑产品社会附加值更高。

卓越管理者必备要素

工程总承包模式是建筑行业的新模式，同所有的管理组织一样，工程总承包项目也需要优秀的管理者，一个有效的组织离不开有效的制度保证，同时也离不开有效的管理者，两者缺一不可。“优秀的企业家和企业家精神是一个国家最为重要的资源”，能够成为卓有成效的管理者已成为个人获得成功的主要标志。

卓越的管理者应该具备哪些要素是众多学者努力探讨的问题，也是所有管理者希望进行卓越管理而孜孜以求的努力方向。所有成功者的特点都不一样，有的自信乐观，有的幽默和善于沟通、有的温文尔雅善于倾听、有的知道如何及何时授权、有的坚韧不拔善于管理失败、有的兴趣广泛甚至博览群书、有的善于激励和培养周围的人等等诸多优点，耶鲁大学的克里斯·阿吉里斯也将成功的管理者总结出“有很强的挫折忍受力、与不同的集团进行沟通、掌握商战规律”等十大特点。但优秀的管理者不可能样样皆通,不可能集很多优点于一身；一个优秀管理者的知识往往也只能是某个专业的专才，不可能是通才。但卓越管理者必定有他们的共性方面，对建筑工程以及工程总承包项目，卓越管理者应具备的要素为：

（1）对自我管理的关注和实践。优秀管理者首先是管理好自己，只有自己优秀，才能以优秀的榜样影响自己的同事和下属，促进他们优秀；优秀管理者相信卓越是能够学会的，他能驱动他自己，能控制、衡量并指导自己的想法、情绪和行动，能够通过自我管理，向业主、设计、分包方、上级领导、下属员工进行沟通；优秀管理者能设立较高的绩效标准，相信有效管理是自己的基本职责，并通过实践必须予以完成；优秀的管理者明白自己是组织里的一员，只有充分发挥组织、组织里每一个成员的作用，整个组织的绩效才能有效显现，自己才能显现有效，甚至卓越，组织是达成自己卓越的工具。

在工程总承包管理模式中，卓越的管理者首先要明白设计在管理体系中的作用，充分发挥设计作用，打造“最懂施工的”设计院或设计管理人员团队是卓越管理者重要的管理目标；通过自己的不懈努力，实现设计、采购、建造的高度融合，发挥每个线条、每个个体的最大能动性，创造项目最大价值，即是卓越管理者个人魅力所在，更是个人价值实现的直接表现。

（2）善于支配时间。相比较施工总承包，工程总承包管理的链条更长、范围更广、规模更大，在有限的时间里要达成既定目标，时间就是宝贵的资源。由于管理环节、管理对象众多，管理者往往会陷于被动地应付中，被迫忙于“日常运作”，表面上看起来每件事都非办不可，实际上却毫无贡献或贡献不大，时间属于别人。优秀管理者明白自己的时间和别人一样多，时间有限，自己的时间自己能够有效计划，时间属于自己。他们善于分配自己的时间，会系统性地工作，将有限的时间用在关键地方。他们不以计划为起点，认识到自己的时间用在什么地方才是起点；他们管理自己的时间，减少非生产性工作所占用的时间；并且他们善于将“可自由支配的时间”由零星而集中成大块连续性的时段。这是管理有效性的基础。

（3）重视贡献。重视贡献是管理者有效性的关键。在日常项目管理中，大多数管理者重视勤奋、忽略成果，他们耿耿于怀于企业是否亏待自己，应该为自己做些什么，结果反而没有成效。重视贡献的人，其所作所为会与其他人卓然不同，首先他会重视自己的贡献，重视成果，重视贡献的有效性，表现在自己日常工作较高的标准和信息化、标准化和精细化一些先进项目管理手段的运用及与上级及周围同事的关系等；其次重视专业人员的贡献。以工作成果检视工程总承包管理中设计、商务、采购、财务、技术、安全等管理方面人员的绩效，发挥每个专业人员的专长，专业人员也能够以贡献自己的专业知识为项目做贡献为荣，而不是以行业专长作为傲慢的资本、甚至拒绝沟通，每位人员都肩负着贡献自己才能的责任；重视基于贡献的正确的人际关系。在项目管理中，管理者拥有良好的人际关系，绝不是因为他们拥有与人交往的天赋，他们也不会把“和谐相处、愉快交谈”作为人际交往的标准；相反，“和谐相处、愉快交谈”有可能是恶劣人际关系的表现，而是因为在他们的工作和人际关系上都注重贡献，他们的工作也因此富有成效，这是良好人际关系的真义所在。

（4）重视协调。在现代管理中，专业分化越来越细，专业部门、专业人才越来越多，一个团体的最终成效取决于每个专业人才的发挥状况，并且发挥成果能为别的部门和人员最大化使用，个人成效才能变成组织的资源和团体进步的动力，各个专业、人员之间的协调工作就是发挥个体能力的桥梁，专业间的协调是最难的，原因也是因为太专业的缘故。在工程总承包管理中更是如此，工程总承包不是一般意义上的设计、采购和施工环节的简单叠合，它有自己独特的管理内涵。工程总承包除了通过提高效率改进阶段性盈利水平，更重视运用总包的协调和整合能力、对市场资源的掌握以及对各专业分包的管理能力为整个项目服务。协调设计、采购、施工在前期的深度融合、协调接口管理等是工程总承包管理模式中最重要的工作，协调能力就是管理能力。设计与采购、施工、调试的协调关系见图 3-1。

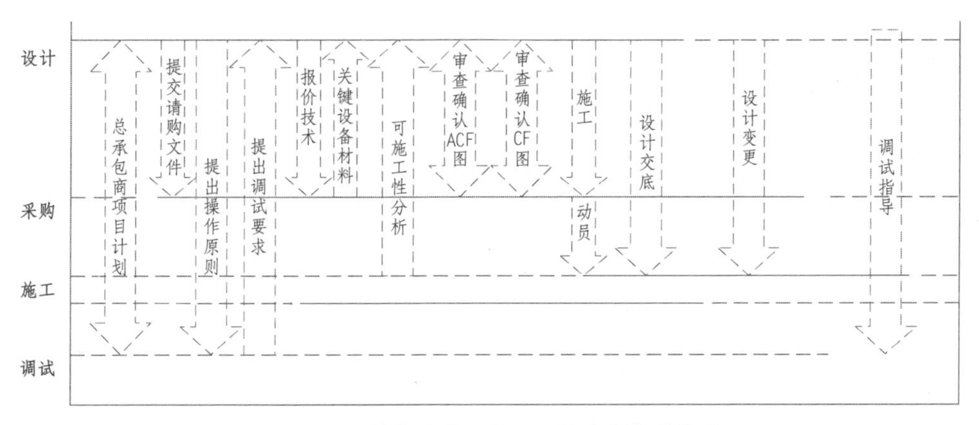

图 3-1　设计与采购、施工、调试的协调关系

（5）发挥人的长处。不仅仅是在 EPC 项目的管理中，几乎在所有的工程管理中，有学者强调复合型人才的重要性和迫切性，实际上，一个人既要懂管理、又要懂技术，还要懂风险管理，甚至要对设计、成本、财务、法律、专业施工设备、专业运营设备等样样皆通是不可能的，在我们身边这样的人几乎没有。更多的是因为在某一方面有专长才被委以重任，一方面有特长、别的方面比较熟悉才是许多做出卓越成绩者的常态，要求管理者具备诸多的专业知识复合于一身是不现实的。任何人都有缺点和短处，有效的管理者能使人发挥长处，他知道只抓住缺点和短处是干不成任何事的。为实现目标，必须用人所长——用自己所长，用同事所长，用领导所长，充分发挥每个人的特长，才是项目组织存在的唯一目的。管理者的任务就是充分运用每个人的长处，共同完成任务，正如美国的钢铁工业之父卡内基的墓志铭说的："这里躺着的人，知道选用比自己能力更强的人来为他工作"。识人之长、用人之长、容人之短是卓越管理者的必备特质。

（6）有效的决策。决策是一种判断，是若干项方案中的选择，是项目管理者几乎每天都要做的事。有的决策标准清晰，易下决断，更多的决策是在"大概是对的""也许是错的"之间的选择，是两难、甚至多难的选择，因此有效的决策至关重要。有效的管理者都知道决策不是从搜集事实开始，而是从首先确定自己的见解开始，凡是在某一领域有经验者，都应该有自己的见解；其次管理者会鼓励大家提出见解，从不同的见解中、甚至是反对见解中开阔思路，进行多方位研判。好的决策不是从"众口一词"中得来的，应以不同的意见为基础，从不同的观点和判断中选择，最终通过不同的见解确立决策标准；有效的管理者在决策的同时，更加强调决策后的执行，同时决策责任人、责任目标及随同而来的工作标准、绩效考核等相关内容，一次决策尽可能解决执行中遇到的问题，减少决策次数，提高决策效率。

工程总承包卓越管理方略

1. 体系先行的管理理念

工程总承包是一种新型的工程建设管理模式，其管理内容和特点决定了必须要建立适应其管理需求的管理体系，原建筑企业以施工总承包为主的管理架构必然不适应工程总承包的管理要求，需要调整或重建。

在卓越工程总承包管理模式中，需要建立一个完整的工程总承包项目管理体系，和十一个线条管理体系，建立八个管理团队，及专业化项目部。项目管理体系实行总承包项目经理部与专业项目部分离的管理模式，十一个线条管理体系是：设计管理体系、采购管理体系、建造管理体系、合同管理体系、资金管理体系、进度管理体系、成本管理体系、质量管理体系、安全管理体系、试运行管理体系、协调管理体系；八个管理团队是：市场营销管理团队、设计控概管理团队、采购招标管理团队、计划工筹管理团队、施工方案管理团队、商务合约管理团队、财务资金管理团队及协调组织管理团队；专业化项目部根据项目具体管理内容设置，如:土建项目部、机电项目部、精装项目部、设计项目部、钢结构项目部等。

在企业层面设立工程总承包事业部，成立工程总承包公司、专业设计院、企业直管工程总承包项目经理部等相应机构，建立专职、专业的工程总承包管理线条，融入企业整体管理体系中。

2. 设计为主的管理理念

设计工作是总包单位的起始工作。具备设计环节是工程总承包模式最重要的特征，在国内，发包单位一般在完成初步设计后进行工程招标，总包单位也是首先从接续发包单位的初步设计进行施工图设计工作的，施工图设计是总包单位开展项目工作的第一步。

（1）有利于控制投资。项目建设由传统的业主分阶段管理变成业主委托单一单位进行设计、采购、施工的全过程管理，克服原来的管理接口多、协调难、管理周期长的缺点，使设计、设备、施工等无缝接入，合同关系简单，从项目管理程序有利于业主进行投资控制；其次设计阶段决定了项目的投资水平。对设计阶段投资控制的重要程度，业内普遍认同的观点是：项目产品成本的80% ~ 90% 是约束性成本，在设计阶段就已经确定，在工程实施阶段影响项目投资的比例在 10% ~ 20%，因此设计水平就代表了项目的投资水平，控制投资必须从设计方案入手，这不仅是投标让利的问题，而是从源头上挖掘潜力，降低工程造价。

（2）设计质量保障了项目质量。总包单位在设计阶段需要考虑业主标准、综合投资，又要统筹考虑自身的施工能力，从工艺优化、设备选型、材料选择等进行方案优化，从技术层面保证了项目质量。尤其在以工艺技术为核心的大型项目中，项目的建设质量取决于设计质量。

（3）设计工作可以最大限度缩短工期。工程建设项目周期一般包括前期阶段、设计阶段、设备采购阶段、施工阶段和试运行阶段，而设计工作贯穿于项目建设的全过程。设计阶段就可以从工期角度进行方案的优化比选，根据工艺水平选择结构形式、施工方法，缩短项目施工工期；在设计阶段可通过各专业联动提前考虑设备的单机调试和联动调试，缩短试运行时间；优秀的设计工作通过前期和采购、施工的深度交叉，减少设计失误，提高专业接口质量，在确保各阶段合理工期的前提下缩短总体建设周期。

（4）设计工作也是总包单位降本增效的核心。据统计，在工程总承包模式中，总包单位效益的80% ~ 90%来自设计阶段，施工阶段仅占5% ~ 10%，设计水平不仅要满足履约要求，更要通过自己的资源库，从效益角度进行方案优化，实现与业主的双赢。在工程总承包模式中，设计水平就是企业的盈利能力。

"设计是龙头、建造是核心"是工程总承包项目管理者需要具备的最基本的理念。

3."控圆缩方"成本管理理念

"控圆缩方"是工程企业进行成本管控和创效的一种有效方法，是企业进行精细化管理的实践，首创于中国建筑第五工程局。它将项目的成本组成、效益来源全部清晰标识于成本管理方圆图中（图3-2），成本管理外圆内方。如将项目收入分为合同造价和结算造价，结算造价用红色圆圈表示，合同造价用蓝色圆圈表示，圆形表示要广开思路、策划周密，对外要圆通有理，收入要大；将成本分为责任成本、目标成本和实际成本，实际成本细分成设计费、采购费、施工费、试运行费及现场经费等内容，用方形或三角形表示，表示成本管理要有规矩，要稳健、严谨，“方”的有据，要讲责任。合同总价与责任成本、目标成本、实际成本之间的管理差形成经营效益及管理效益。不同效益用不同颜色表示，咖啡色表示经营效益，蓝色表示管理效益。合同总价与结算总价之间的差值为结算风险，用金黄色表示，体现工程总承包相对固定总价的特点，要求总承包项目部做好控制，严格控制变更、市场、审计等风险。

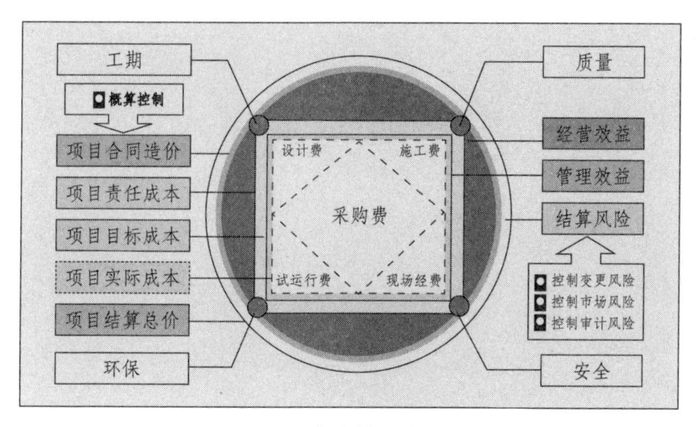

图 3-2 成本管理方圆图

成本管理是项目管理的基石，方圆图是进行成本管理的工具。通过“控圆缩方”，可以将项目的合同造价和项目的责任成本区分开，达到价本分离目的。按照经营效益、管理效益和结算效益制定效益目标，并进行责任分配，实施奖惩；工程总承包项目又可以将责任成本进行目标细化，如设计费用目标、采购费用目标、施工费用目标、试运营目标、管理费用目标等内容，实施不同环节的责任成本预控，并进行考核奖惩，达到项目效益最大化目的。

4. 接口管理出效益的管理理念

工程总承包的工作内容由于包含设计、采购、施工、试运行四个主要环节，因此比施工总承包的管理工作量要增大很多。主要体现在各管理环节之间的接口增多，相应的接口管理增多，如纵向管理中的设计与采购、设计与施工、设计与试运行、采购与施工等之间的工作接口；同一环节的接口也增多，如总包设计与分包设计的接口、施工总包与分包的接口、机电专业各设备间的接口；各专业间的接口增多，如土建与机电、机电与装修等；组织管理中的场地接口、时间接口等诸多内容，工程总承包的管理过程其实主要就是大量接口管理的过程，就是不断协调的过程，只有充分识别接口和界面关系，明确界面标准，统筹部署，做好对接，项目管理才能有序推进，否则容易出现相互掣肘、延误、返工等情况，影响项目履约和收益。接口管理就是一个项目工程总承包管理水平和差异化的具体表现。

5. 建立分包人为伙伴关系的管理理念

在工程总承包的实施过程中，会有设计分包、土建专业分包、机电专业分包、劳务分包、设备供应商、材料供应商、专业运维商和其他专业分包商，专业分包商数量庞大，大量的工作是分包方在具体负责，对分包商的管理就是工程总承包的基本管理，总包和分包的关系是唇齿相依的关系，成也分包、败也分包，分包管理是企业的核心竞争力。

在以往的工程管理中，由于供大于求的关系，总承包方往往是选择方，是招标方，是总承包方在挑选分包方，在项目实施中更多强调的是总包管理分包的关系，但在一些优秀的现代企业和工程总承包项目中，总包和分包的关系是建立在合同为基础的伙伴关系。他们工期目标一致，发挥团队精神，协同作战，合理分配既得利益，承担应有风险，在项目履约中寻求长期合作，为满足对方需求肯做针对性改进，真正实现专业互补、互利共赢。构建与分包商的战略伙伴关系是在日趋激烈的工程承包行业中总包商实施的一个重要战略方法。

战略伙伴关系能够使总包商与分包商更紧密地联合在一起，能够使分包方进行较为长期的资源配备和战略安排，并将实质性地改变总承包方的资源获得模式和成本，增加总承包方在市场中竞争优势。分包方位于项目管理的下游，与总承包方建立伙伴关系也是分包方在竞争激烈市场中稳固生存空间的迫切需要，因此可以规划共同利益框架，共同开拓市场，共享利润，共担风险，最终以较小的经济成本获取更高的收益。战略伙伴关系下的总承包方与分包方对策及成果分析见表 3-1。

战略伙伴关系下总承包方与分包方对策及成果分析　　表 3-1

项目	总包方	分包方
行动及措施	制定企业总体战略，整合优势资源，建立协同运行平台	在制定企业战略过程中给予相应的考虑和安排，建立核心技术优势
	与分包方签订企业层面合作协议	在签订项目合作协议时，采用更多的非硬性约束
	加强对设计范围和深度的把握	参与项目前期设计方案的确定和对项目最终方案和成本的优化
	建立分包方评价体系和评价标准，进行评估	理解和认识总包方评价体系，进行对应的调整
	总包方与分包方分享项目收益	从双方共同利益出发沟通协商问题及优化设计
优势和成果	选择合适的分包方弥补短板，突破市场准入	利用合作伙伴的市场地位和资源，快速进入市场
	获得分包方的专业化优势，降低项目的综合成本	实现专业化，全力发展核心业务，简化经营流程
	提高了合作的成功率，降低了潜在的风险损失	互惠互利，合作共赢，彼此之间信息相对透明
	总包方的各种需求得到快速反应	稳定和系统的满足特定的需求，无需频繁地调整
	满足项目业主快速建造的需要，总工期缩短给项目业主带来巨大的收益和竞争优势	获得前期投入所需的资金并能加快资金周转，生产成本降低
	项目业主的满意度增加，并为总包方下一个项目的营销打下基础	总包方满意度增加，战略伙伴关系得到延续，合作的深度和广度增加

6. 注重工程筹划的管理理念

“没有人计划要失败，可很多人都失败于没有计划”，对一个管理复杂的工程总承包项目更是如此，工程总承包模式蕴含的多专业、多界面、多个管理对象促使工程总承包项目必须有一个精准的项目管理策划，一个良好的开端就是成功的一半。

工程总承包工程筹划就是通过对项目的全方位研判，把握工程特点，精准识别工程风险，制定指导性管理措施，确立项目管理框架，明确项目经理授权范围，确定管理目标，使项目有序进展的前期谋划过程，工程筹划是项目管理的行动方案。

工程筹划是对工程项目的整体策划，涉及项目管理框架、项目经理和总工等主要人员、专业分包方案、技术方案、商务目标、主要材料设备的采购、人力资源调配等方面内容，涉及项目管理的全方面，同时项目已经中标，正式进入合同履约期，需要快速决策，避免延误时机，因此工程筹划需要“精准、有效、全方位”，强调企业主管牵头、专家参与、全部门参加的有效筹划，保障筹划能及时落地。在企业层面，要有项目筹划实施机制，密切关注项目筹划的落实情况，采取相应措施及时进行纠偏。

工程筹划由公司形成“项目筹划书”，项目经理部根据公司的“项目筹划书”编制“项目实施计划书”。项目筹划主要工作内容见表 3-2。

项目筹划主要工作内容 **表 3-2**

序号	筹划内容	说明
1	对项目进行综合评估	相关专家、部门参加
2	制定项目管理范围计划	根据公司规定、授权
3	确定项目管理机构框架、主要人员	
4	制定项目人力资源管理计划	项目人员配置、培训
5	制定成本管理计划	效益目标、成本目标
6	制定项目进度管理计划	
7	制定采购管理计划	
8	制定项目质量管理计划 确定项目产品质量标准	
9	制定变更设计管理计划	
10	规划风险管理计划	
11	制定沟通管理计划	与相关方沟通的方式、内容等
12	向相关方提交项目管理计划	
13	开展启动会议	
14	制定相关方管理计划	

7. 协调增效的管理理念

项目协调就是围绕项目总体目标，通过沟通和建立制度等方式，对和项目有关的人、部门、队伍之间的工作内容、标准进行有效协调的过程，目的是主动消除障碍，解决矛盾，调动各种积极因素，提高项目运行效率，实现增效目的。重视协调是一个优秀管理者必备的基本素质，对工程总承包项目而言，协调能力就是管理能力。

项目协调一般遵循分包服从总包安排、部门服从项目总体、进度和成本服从安全和质量、局部服从整体的原则。由于工程总承包的协调工作量较大，且贯穿于项目工作始终，在工程总承包项目机构中需要设置策划控制中心，负责项目建设的组织实施和过程整体控制和协调，包括部门之间、专业队伍之间的事务性协调，项目部则是项目建设的最高决策和协调机关。

协调工作一般有工作沟通、行政协调、制度协调、合同协调、会议协调等方式。在不同阶段有不同的协调内容，如项目起始阶段侧重于部门工作、专业内容的协调，以设计为主导部门；施工阶段侧重于各部门、各专业对施工现场的保障协调，要以施工为核心；试运行阶段侧重于对机电专业、对运行系统的管理及对业主的培训方面进行协调。

工程总承包的管理就是不间断的协调过程，通过协调有效整合项目资源，提高项目综合履约能力，降低项目运行成本，增加项目收益。

卓越绩效管理

一个有效的工程项目管理离不开有效的管理者，更离不开良好的管理机制和制度，越来越多的企业和项目注重绩效管理。

绩效管理是以绩效目标为标准，通过阶段考评，激励成员发挥自己的创造性，以成效论英雄，消除因管理者个人偏好导致的非正常工作评价。注重绩效管理就是注重项目团体或个体对项目的价值创造，就是注重对项目的贡献。注重贡献的管理者，其所作所为才有可能与其他人卓然不同，他能从乱麻似的事务中理出思路，确定轻重缓急予以处理，能够克服管理者的先天弱点转化为团体的工作力量，重视贡献也能够使管理者以贡献为目标，从繁杂的内部事务、内部联系转移到更关键、更有效的外部世界，在有限的时间里选择最大的收益。绩效考核消除了人际关系因素，是相对公平的管理方式，只有经得起绩效考核的员工才是优秀的、有前途的员工。

工程总承包项目一般采用绩效考核（KPI），即关键业绩考核法，考核办法标准鲜明，易于执行。绩效考核制度首先需要制定关键绩效目标，对工程项目而言，绩效目标本质上是对项目目标的分解，是对项目目标的细化和具体化。

对分包关键绩效指标的设定，要遵循分包的考核指标与项目的整体目标是一脉相承的，是项目在某专业工期、质量、安全、环保的分解体现，所制定的关键指标是清晰、可量化的。如对设计的考核要体现限额设计目标、质量标准要求、设计完成时间、优化设计的目标等具体指标。如对员工的考核也要以部门的绩效目标进行量化分解，形成每个人的绩效目标，因岗设目标是公平考核、公平进行绩效成果处理的关键。

绩效目标设定后要建立预警机制，定期对绩效目标的完成情况进行数据统计和分析，如遇预警，要及时采取有效补救措施，防止不利态势蔓延。

项目经理每月连同项目部相关人员对项目层面的绩效指标进行考核，考核过程要透明，考核结果要公示，采取的措施要合理、有效，要朝有利于项目实现总体目标的方向努力。

EPC

Excellent Management on
EPC of Construction Enterprises

第二篇
工程总承包卓越管理体系

04 体系

工程总承包卓越管理体系

工程总承包卓越管理立足于项目管理，除需要进行理念上的转型外，工程管理必然涉及企业的组织体系、管控体系、绩效体系和资源体系的深刻变化，是一项系统性极强的创新性工作。全面推进工程总承包管理必须要从整体规划、系统联动，从体系上解决。

工程总承包卓越管理体系

1. 完善企业工程总承包卓越管理机构

随着国家推动工程总承包模式力度的加大以及国内企业走向海外的步伐的加快，基础设施工程总承包项目数量急速增大，原有的施工总承包组织模式已经不能适应项目管理的需要。工程总承包管理立足于项目管理，除需要进行理念上的转型外，工程管理必然涉及企业的组织体系、管控体系、绩效体系和资源体系的深刻变化，是一项系统性极强的创新性工作。全面推进工程总承包管理必须要从整体规划、系统联动，从体系上解决。

针对工程总承包特点，大型传统型施工总承包企业管理体系要做到对工程总承包管理体系的兼容，需从三个方面进行优化：

一是在企业层面成立工程总承包事业部，作为企业推进工程总承包模式的牵头部门，主要职责是进行工程总承包发展的战略规划、资源调配、经验总结、管理培训，各专业事业部履行专业项目管理；大型企业同时成立工程总承包公司，工程总承包公司是项目的专业实施单位，对项目的设计、采购、项目计划与控制、运营等进行统一管理，是工程总承包项目品牌和规模扩张的实施者。企业总承包管理架构见图 4-1。

二是成立设计管理部和专业设计院。设计是工程总承包模式最重要的特征，发育设计能力也是传统企业转型势在必行、刻不容缓的工作。据统计，国外自带劳务的企业公司除拥有招投标、采购、施工、运营、项目管理等各类技术管理人员外，设计人员也占不少比例，如柏克德公司设计人员占总人员 5.5 万名的 37%。以设计为龙头的国外工程公司，设计人员占比达到 60% 左右，如成达工程公司设计人员占比达到 63%，兰万灵工程公司设计人员占比达到 57%。我国企业目前设计人员占比较低，如中建股份的人才结构中，勘察设计人员占比仅为 6%，设计人员短缺是工程总承包管理中最明显的短板。企业设立设计管理部就是设计管理的专职部门，负责设计规划、人才引进、设计管理等工作。成立基础设施市政设计院、建筑设计院、公路设计院、铁路设计院等专业设计院，是针对基础设施板块特点，发育专项勘察设计能力，完善工程总承包设计管理体系。企业设计管理架构见图4-2。

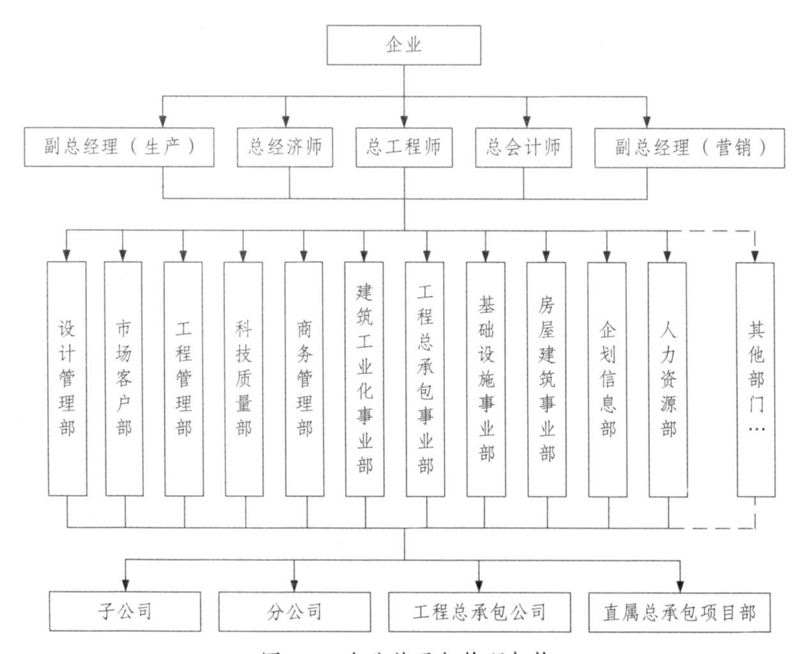

图4-1　企业总承包管理架构

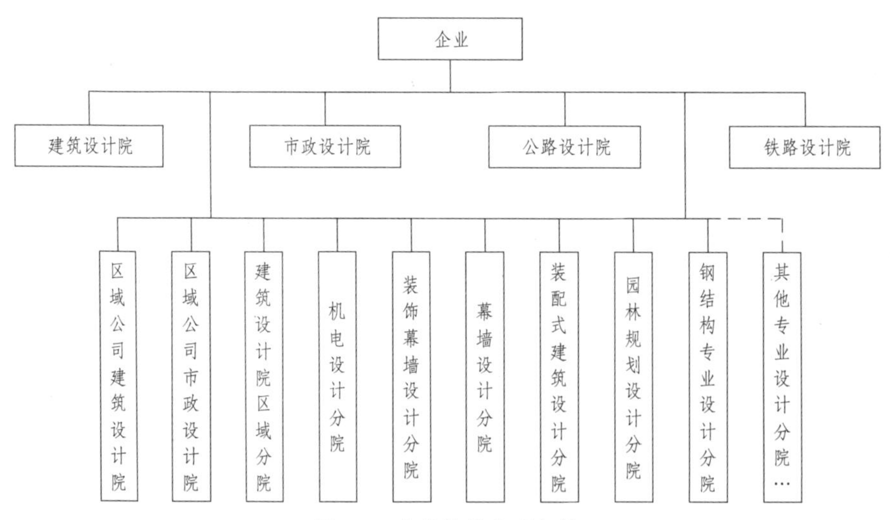

图4-2　企业设计管理架构

三是明确配合部门的职责。工程总承包管理是一个有机整体，企业各部门都必须予以职责确定，协同工程总承包事业部完成企业转型需要的相关工作，企业总部各部门新增职责见表4-1。

企业总部各部门新增职责 **表4-1**

职能部门	部门职责
工程总承包事业部	负责研究和完善企业工程总承包项目管理体系，含发展纲要、项目管理手册、项目策划书、项目部实施计划、项目部责任书；负责解决企业工程总承包项目管理团队意识和能力的提升，定期滚动培训；指导服务企业工程总承包管理示范项目、二级机构工程总承包重难点项目；协助总部相关职能部门进行工程总承包项目管理
设计管理部	负责企业设计管理体系建设；负责提供营销阶段设计咨询、实施阶段方案优化策划与评审、设计与设计咨询采购建议等服务
市场客户部	工程总承包项目信息跟踪；研究招标文件、准备资格预审、决定投标整体方案；组织针对工程总承包管理知识培训市场营销人员；负责完善客户方的满意度评价制度
工程管理部	负责完善工程总承包管理制度，推行工程总承包项目管理标准化；组织工程总承包项目管理示范；监督工程总承包项目履约；负责建立并维护“进度计划知识库”
科技质量部	统筹总承包工程技术管理工作，制订分包工程技术管理专项制度；审核分包方施工组织设计、专项施工方案、深化设计方案与图纸等；负责建立并维护“安全性与可建造性数据库”
商务管理部	制订“集采”与“预采购”管理办法；完善现有的分包招标文件与合同文件标准模板；建立并维护“项目成本历史数据库”以及“项目合同管理经验教训知识库”；完善供方管理制度
建筑工业化事业部	负责完善工程总承包管理制度（建筑工业化），推行建筑工业化工程总承包项目管理标准化
基础设施事业部	负责完善基础设施工程总承包管理制度；指导、服务企业基础设施工程总承包管理项目；组织基础设施工程总承包项目管理示范；监督基础设施工程总承包项目履约
房屋建筑事业部	负责完善房屋建筑工程总承包管理制度；指导、服务企业房屋建筑工程总承包管理项目；组织房屋建筑工程总承包项目管理示范；监督房屋建筑工程总承包项目履约
企划信息部	根据工程总承包特点完善岗位需求，同时升级信息化平台
人力资源部	制订总承包管理人才培养、引进规划，建立适合总承包项目实际情况的岗位薪酬分配制度，以及关键岗位的基本能力模型
法律事务部	负责完善现有项目风险管理体系；负责建立并维护“项目全过程风险数据库”
财务部	负责完善工程总承包财务管理专项制度，制定两层分离模式下税务管理办法

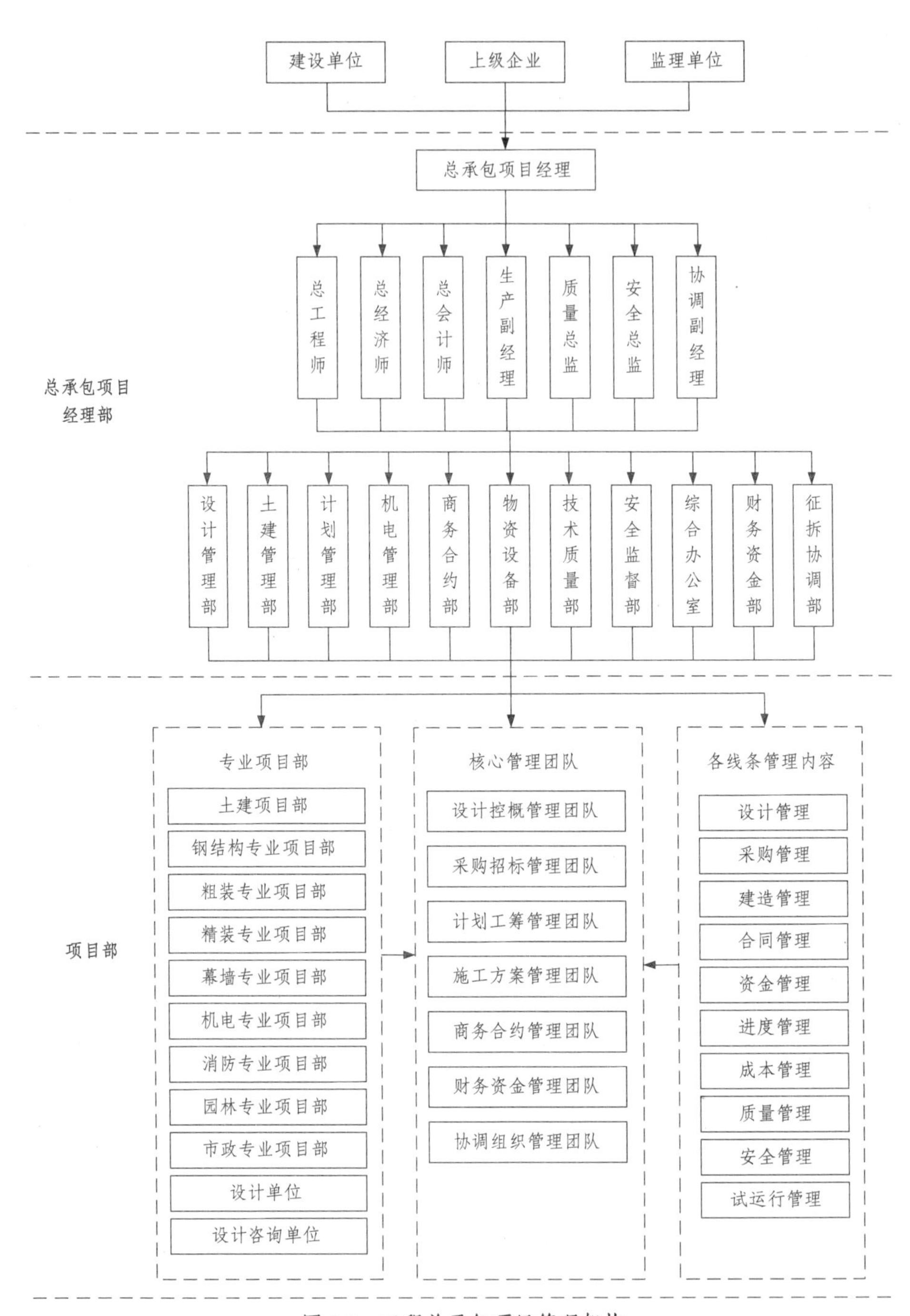

图 4-3　工程总承包项目管理架构

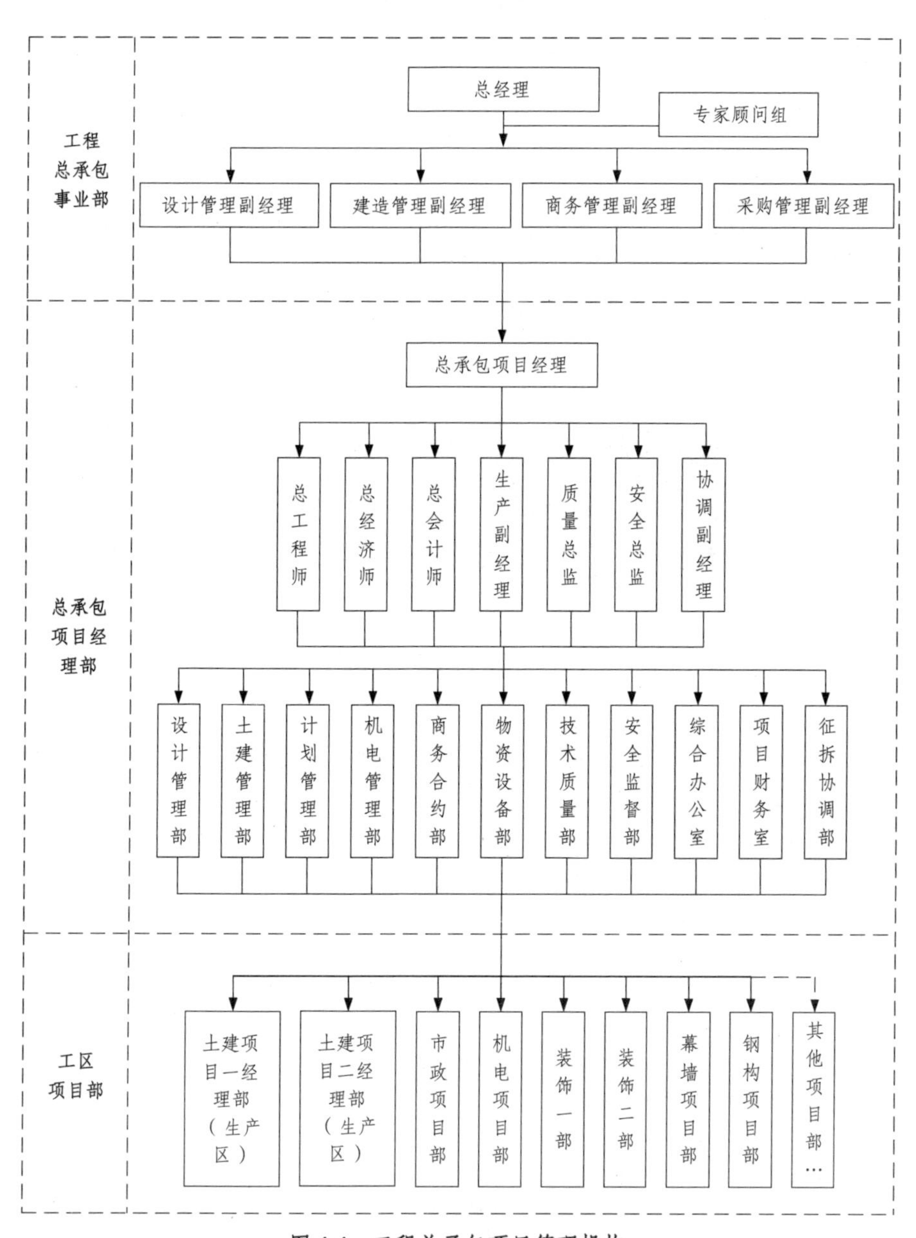

图 4-4 工程总承包项目管理机构

2. 工程总承包企业管理机构

企业管理机构目前通用的有职能式、项目式和矩阵式，国内企业一般采用矩阵式。矩阵式项目组织机构特点在于可以实现组织人员配置的优化组合和动态管理，实现双向管理，实现企业内部人力资源的合理使用，打破部门壁垒，形成联合动力，提高效率，降低管理成本。结合工程总承包项目的实时发展，采用动态矩阵式结构为最优。

总承包项目经理部实行总承包项目经理部与专业项目部分离式管理。工程总承包项目部各职能部门实行管理集成，制定规则，服务、监督分包项目部；各专业项目部履行资源组织、负责实施执行。工程总承包项目管理架构见图 4-3。

3. 工程总承包项目管理机构

现阶段由于企业正处于由施工总承包向工程总承包转型的过程中，管理结构不健全，职责不清晰，可在工程总承包项目部机构之上设立指挥部，指挥部代表企业层级履职，加大对项目部的管控。工程总承包项目管理机构见图 4-4。

项目部设立不少于五个核心部门的职能部门，其余部门可根据项目规模进行配置。四个核心部门为设计管理部、计划管理部、建造管理部、商务合约部，工程总承包核心部门职责见表 4-2。

工程总承包核心部门职责　　表 4-2

序号	部门名称	职责
1	设计管理部	负责设计策划、报批报建与设计进度、质量、成本管理；负责设计招标、设计合同管理
2	计划管理部	负责工期风险管理，组织编制、发布与监控项目总进度、重大节点、年、季、月、周计划；负责组织编制报批报建、设计、采购、建造等专项计划，提出接口控制建议并进行监控
3	商务合约部	负责制定采购计划并做好招标采购管理；负责进行全过程成本管理，控制项目概预算达到预定目标；负责做好资金计划、评估结算、变更索赔等工作；负责物资设备采购；负责材料与设备选型报业主批准的工作

续表

序号	部门名称	职责
4	建造管理部	负责组织实施工程建造，确保工程按照合同及企业要求完成；管理、考核专业工程分包商；管理、协调施工现场公共资源
5	征迁协调部	负责项目内、外部协调，与业主、监理、政府主管部门等沟通，协调施工过程中有关征地拆迁、临时用地、文明施工等内容

招投标管理体系

1. 国内工程总承包招投标流程

我们国家针对工程项目制定了《中华人民共和国招投标法》，于1999年正式颁布实行，确立了招标投标的法律依据，我国招投标制度日趋完善。根据招投标法，国家发展改革委颁布了《必须招标的工程项目规定》，如：使用国有资金200万元且该资金占投资额10%以上的项目；使用国有企业、事业单位资金，并且该资金占控股或者主导地位的项目；施工单项合同估算价在400万元人民币以上的工程项目必须进行招投标。目前我们国家尚无和工程总承包专项招投标法，招投标法是进行工程总承包项目招标、投标的法律依据，从我们国家目前基础设施项目的规模和资金使用情况，几乎所有工程总承包项目都必须通过招投标环节进行项目的发包和承揽。

工程投标一般包括三部分内容：资信标、商务标和技术标。资信标中投标企业需要真实提供本企业或联合体的资质、信誉、业绩和财务状况等内容；商务标是投标企业根据项目内容和自身管理能力进行标前成本分析，综合考虑后最终形成投标报价；技术标是综合反映投标企业对该项目设计能力、施工技术能力及项目组织能力。投标企业编制投标文件的唯一依据是招标文件。

从投标内容和目前国内对投标文件的评分规则看，资信标是真实反映企业的相关信息，技巧性不大；技术标编制水平的高低和企业的项目管理能力、专业技术能力及投标能力有关，企业需要从投标组织、投标程序环节及专家审核等方面进行提升，技术标提升空间大，相比较专家评分的弹性也较大；商务标体现投标企业的成本管控能力，结果单一，评分标准清晰，在投标文件的评分中占比也比较高，通常达50%，投标人会进行技巧性报价，如突然降价法、不平衡报价法和概率分析法等。

招标工程和投标过程是统一的，在每一阶段，招投标活动都是对应的。典型工程项目招标与投标程序见图4-5。

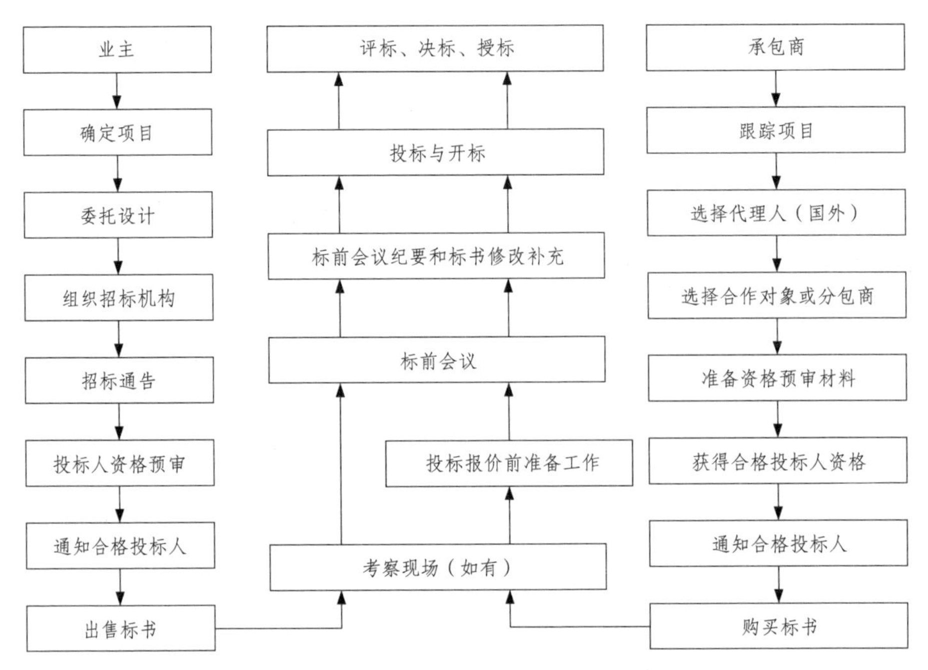

图4-5 典型工程项目招标与投标程序

2. 国际招投标流程

国际上通行的招标程序一般以亚洲银行1999年制定的亚行总承包招标程序为主，主要分三种：单阶段招标、双信封招标和两阶段招标。

单阶段招标是指投标者一次性提交含有技术建议书和商务建议书的投标文件，经评审后合同原则授予最低价响应标，一般适用于土建内容较多的项目。

双信封招标是将技术标和商务标分别装在2个信封内，先后将技术标和商务标开标，开标期间招标人可以和投标人进行沟通，进行技术标修改并相应修改商务标。经调整后的技术标经评审通过后开始进行商务标的评审，最后合同授予最低价响应标。

两阶段投标与双信封投标有类似之处，差别也较大，最主要区别是投标人先提交技术标，而商务标随后提交。投标人与招标机构共同讨论和澄清技术问题后，技术标经评审通过的投标人获得编制商务标的资格，经讨论调整后的技术标是投标人编制商务标的基础和依据。两阶段投标适用于市场上刚出现的新技术、缺少相应技术规范或招标机构已获得多个市场选择、但会有多种性能相等的技术方案可供选择时采用。美国 DSIA 协会在公共基础设施建设的总承包项目竞争性招投标主要阶段见图 4-6。

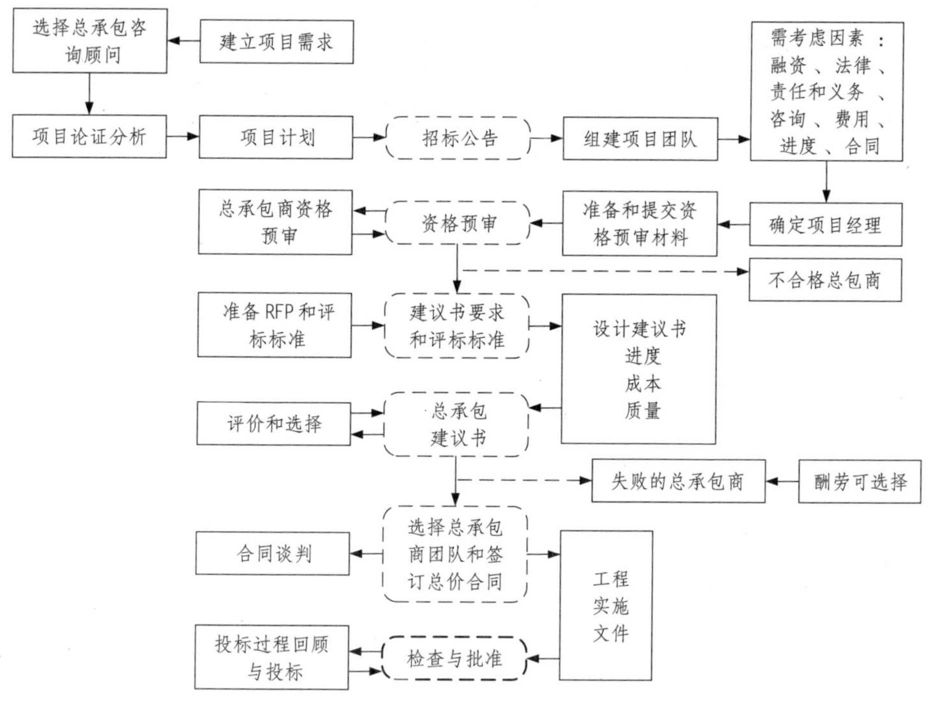

图 4-6　总承包项目竞争性招投标主要阶段

（注：RFP 指 Request of Proposal，建议的要求）

工程总承包设计与变更管理体系

1. 设计及设计管理的作用

设计工作是工程总承包项目的主体工作，贯穿着项目实施的全过程。设计能力一直是工程总承包企业最优实力的体现，高素质的设计人员和创新性的设计方案可为业主获取更多的价值增值，同时通过优秀的设计以及设计和采购、施工的深度融合也是工程总承包企业获取更多利润的主要途径，因此设计和设计管理同时受到发包方和总承包方的高度关注。

设计是把客户的需求转化成系统性的基于技术的解决方案，需要通过审图校图评审设计的合规性、对基本功能和强制性条款的符合性，是基本评审；设计管理是整合、协调设计所需的资源，对设计进度、质量、造价、技术、合规性进行持续性优化以达到工程价值最大化的过程，除对设计的基本评审外，设计管理评审更侧重于设计概算、经济性分析、施工技术融合，是设计单位之外的管理行为。

2. 设计及变更设计管理体系

在目前阶段，工程总承包项目的设计工作主要以企业内的专业设计公司为主，工程总承包项目设置设计部，配置专业设计人员 2 ~ 3 名，主要工作以配合各专业、施工现场为主，专业设计公司做后台支撑。工程总承包设计及变更设计管理体系见图 4-7。

3. 设计、变更设计管理流程

项目设计、变更设计管理流程见图 4-8。

4. 设计与采购、施工深度融合的内容

根据工程总承包管理经验，我们将不同阶段的设计、采购、施工融合要点进行汇总，工程总承包项目设计、采购、施工深度融合要点见表 4-3。

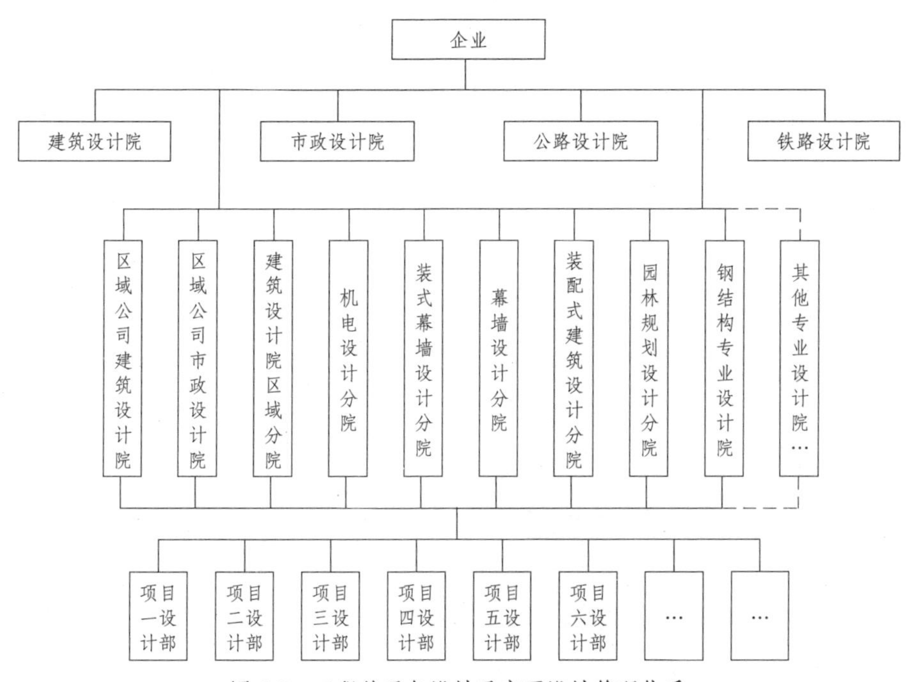

图 4-7 工程总承包设计及变更设计管理体系

工程总承包项目设计、采购、施工深度融合要点 **表 4-3**

序号	主线业务	提供支撑业务	融合工作要点
1	设计管理	采购、建造	前置专业分包采购，助力确定设计标准
			依据限额设计原则，明确专业工程总价
			创新建造优化设计，提升设计价值创造
2	采购管理	设计、建造	依据设计技术文件，建立专业采购标准
			明晰施工界面划分，系统规划合约范围
			掌握专业建造周期，科学制定采购计划
3	施工管理	设计、采购	精细化施工图设计，支撑工程精益建造
			明确专业设计接口，合理组织工序穿插
			整合优质专业资源，促进建造高效履约

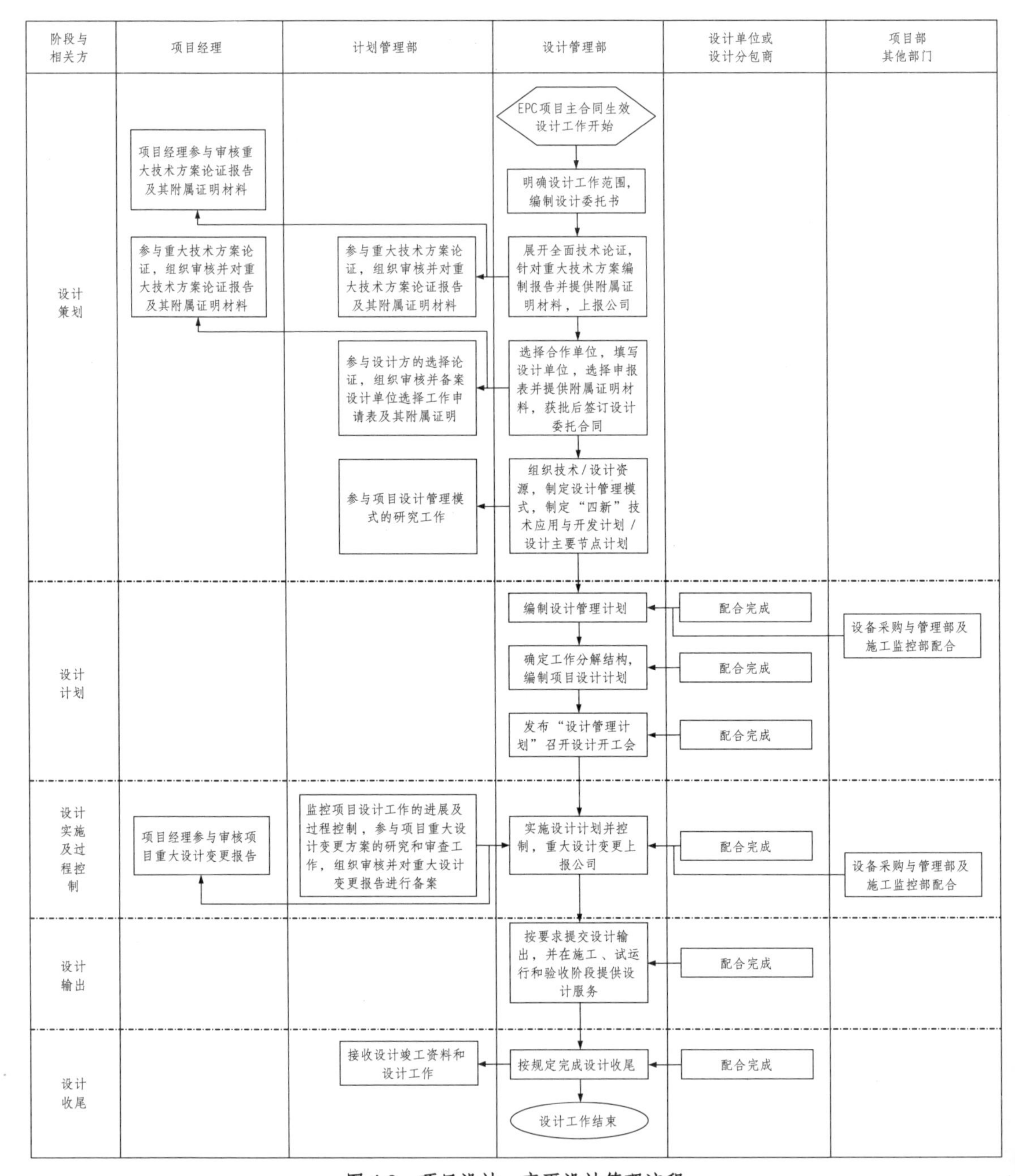

图 4-8　项目设计、变更设计管理流程

工程总承包商务管理体系

工程总承包管理体系一般设置商务合约部，其基础性工作内容是商务谈判、合同管理、成本管理、变更管理、索赔管理和计量支付。工程总承包商务管理体系见图 4-9。

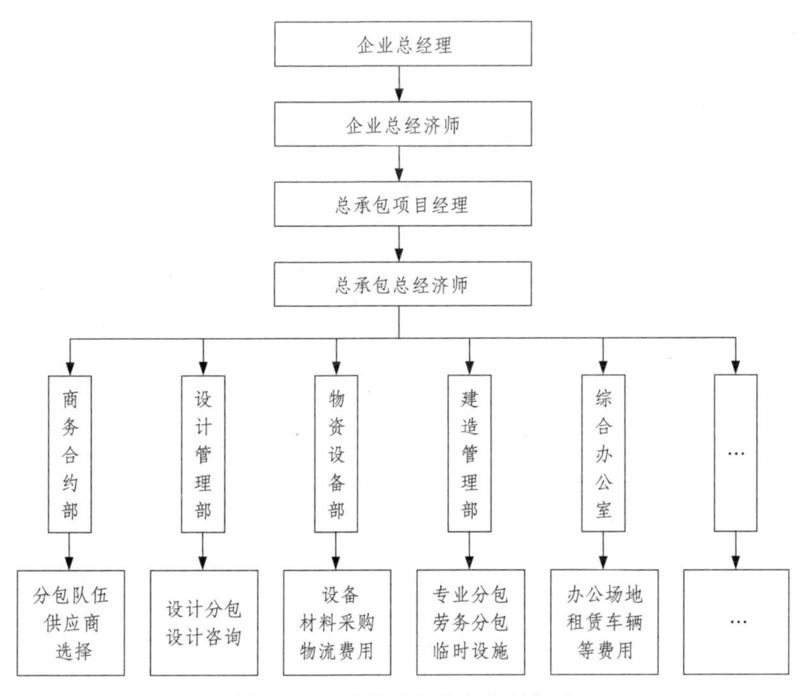

图 4-9　工程总承包商务管理体系

商务谈判是为了承揽工程任务目的而进行的一项相互协商的经营活动，商务谈判的主要工作发生在工程总承包项目中标前，由公司商务合约部负责。商务谈判的直接原因是参与商务谈判的发包方和投标方都有自己的需求，一方需求的满足都可能影响对方需求的满足，任何一方都不能忽视对方的需要，谈判的过程就是展示专业实力、交换观点、进行磋商，寻求最大公约数的过程。商务谈判涉及标准、工期、单价或总价、费率、履约等内容，一般按照“进行项目评估 - 制定商务谈判计划 - 建立双方信任关系 - 达成协议（或投标阶段）- 协议履行和维持”的程序推进。谈判有零和博弈和创造附加值两种结果，零和博弈就是有输有赢的谈判结果，创造附加值就是双赢的结果。在工程总承包模式中，提倡采用创造附加值方法，这种方法是通过合作创造价值，一方获得更多时，另一方利益也无需受到损失，更能体现工程总承包模式的优越性，更能建立长期的伙伴合作关系。商务谈判注重商务策划、商务礼仪。

合同管理是项目商务合约部的主要工作，包括履约管理、分包队伍的合同管理。首先要对总包合同进行分析与补漏。对合同条款的分析与研究不仅仅是在中标前，中标后的研究尤其关键。通过合同执行阶段的分析，找出预期发生争议的可能性，提前采取措施，通过协商、变更等予以弥补；二是对总包合同进行分解、交底。依据总包合同，梳理履约中的关键条款和专业条款，对项目管理的主要人员、各部门进行合同交底；同时制定履约时间节点计划，明确设计、采购、施工的各专业工作计划，对关键节点进行预控；三是根据总包合同、企业管理制度制定各专业合同。对分包队伍进行筛分，进行分包招标，择优选取优秀设计、土建、机电、装修、材料、设备等分包商。

项目成本管理与企业经济效益是直接挂钩的，只有不断进行成本控制，才能有效推动成本的最小化投入，进而推动企业的持续发展与进步。在项目管理中，通常实行责任成本管理制度。责任成本管理制度强调对项目实施全过程、全员的管理，要对项目总成本进行集成和分解，将分解后的成本指标落实到每个部门、每个人，公司和项目实行动态的过程成本监控管理，并以成本管控结果作为工作绩效和薪酬发放的依据，责任成本管理强调人人有指标、人人有责任。项目成本管理流程见图 4-10。

频繁的变更是工程总承包项目的显著特点之一，包括费用变更、工期变更和合同条款变更，所有变更最后都归结为费用问题。变更会给承包商的资源配置、项目计划、成本投入带来影响，甚至打乱整体部署，是引起发包方和中标方争议的主要原因。变更是承包商获得效益的重要机会。

索赔是指在合同履行过程中，无过错的一方要求存在过错的一方承担所造成的实际损失的情况，分为工期索赔、费用索赔和利润索赔三种。索赔是大型工程经常发生的事情，业主方和承包商都应有思想准备和应对准备，也是工程

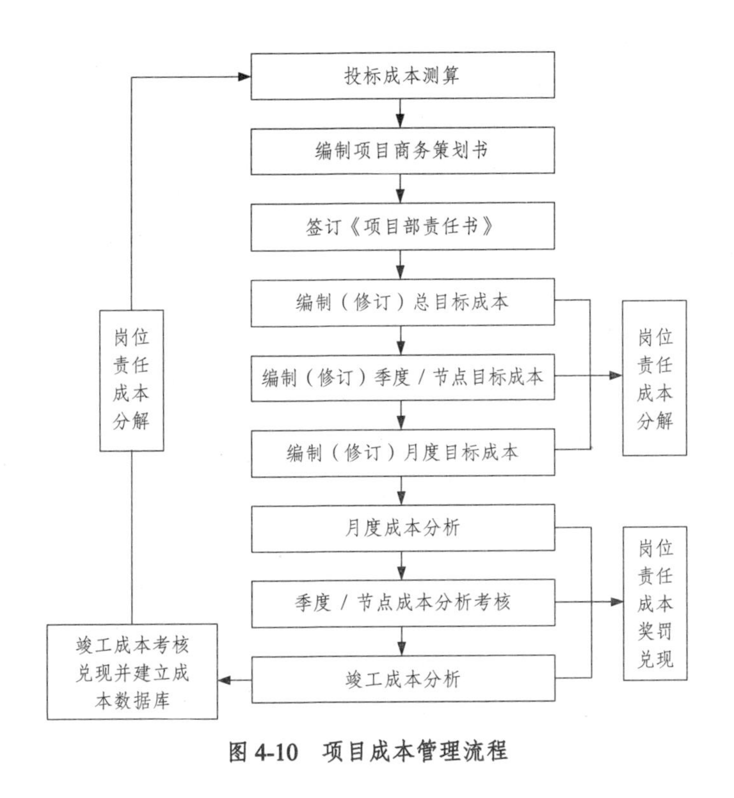

图 4-10　项目成本管理流程

总承包项目敏感点之一，索赔有合同内索赔和合同外索赔。索赔必须要动因合理、证据确凿、依据充分。

施工管理体系

施工是工程总承包项目的三大重要环节之一，持续时间最长，接口管理最多，是工程总承包管理的核心，涉及项目管理的分包管理、计划控制、资源配置、过程成本控制、安全质量管理等诸多因素。在一个整体管理范畴下的设计服务和指导是工程总承包施工管理的最大优势。施工管理目的在于落实项目计划，通过和设计、采购的相互沟通，达到优质履约和最佳收益的目的。工程总承包施工管理体系见图 4-11。

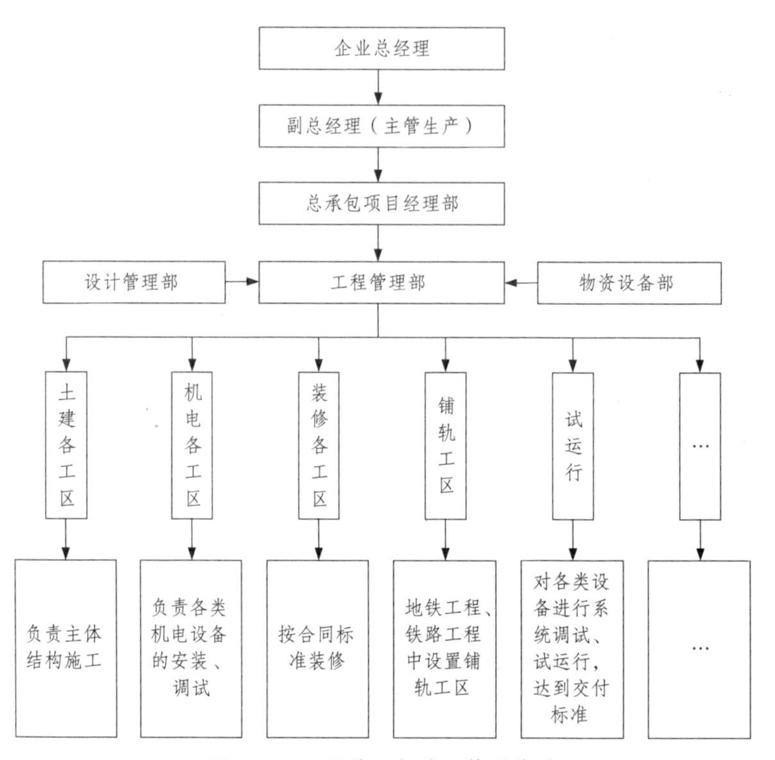

图 4-11　工程总承包施工管理体系

接口管理是工程总承包施工期间的重要工作，良好的接口管理能使施工平稳有序，减少返工。施工管理应注重工程策划和动态监控，做好进度管理、安全质量管理和施工成本管理。

大量的工程实践经验表明，从资源分配的角度分析，工程总承包项目主要成本所占的比例为：设计成本 3% ~ 5%，采购成本 50% ~ 65%，施工成本 35% ~ 45%，采购所占的成本最大。项目成本控制是否成功的关键决定于采购阶段的成本控制，采购管理是工程总承包项目管理中重要的环节。

在工程总承包项目管理中，在设计阶段就已经进行重要的设备和物资的比选、研究，包括拟采购重要设备、物资的质量、性能、价格、物流方式、可维护性等，甚至在设计阶段就已经开始和主要的供应商进行谈判，签订意向性协议，以预采购的方式选择主要设备和物资及相应供应商。通过设计阶段的采购和设计的接口配合，提高设计质量，减少设计返工，使项目运行更顺畅。由于工程总承包项目的规模普遍较大，因此工程总承包项目的采购具有采购管理起步早、采购活动周期长、采购种类多和数量大的特点。

工程总承包采购管理体系

工程总承包项目所有大宗物资设备采购必须通过集采平台进行招议标，其中公司钢材、商品混凝土、模板、木方、水泥等材料的招标文件、定标报告须报企业商务管理部采购管理员及商务管理部经理审核，并根据企业授权管理办法进行动态调整。招标采购组织形式分为股份公司组织区域联合集中采购、企业集中采购、公司层面集中采购、分公司层面集中采购等四种形式。集采库里的供应商在产品质量、价格、供货的及时性、物流保障、售后服务都经受住了考验，都是潜在的中标供应商。根据供应商的货品供应类型、规模及企业考评结果，平台库里的供应商可以划分为战略供应商、重要供应商和一般供应商。工程总承包项目仅在企业的采购平台上选择优秀的供应商，通过平台集采可以优化采购流程，实现企业资源整合，保障采购质量。搭建主要设备物资采购平台是企业采购环节降本增效的有效举措。工程总承包采购流程见图4-12，工程总承包集中采购管理体系见图4-13。

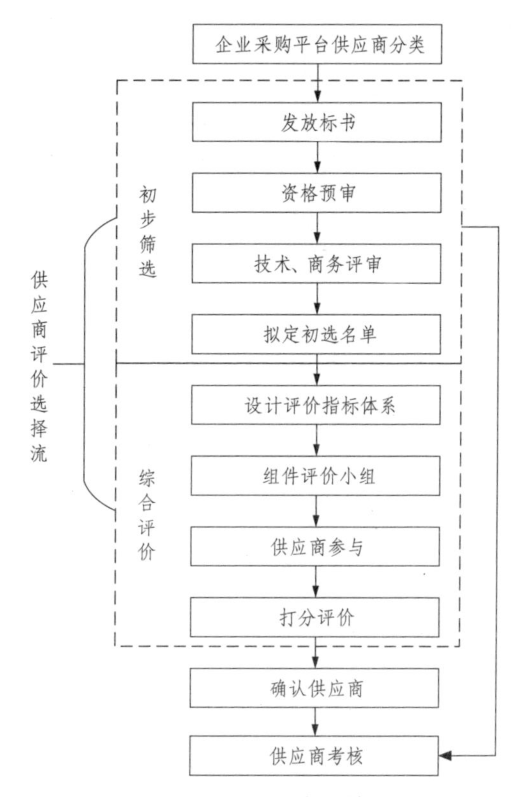

图4-12 工程总承包采购流程

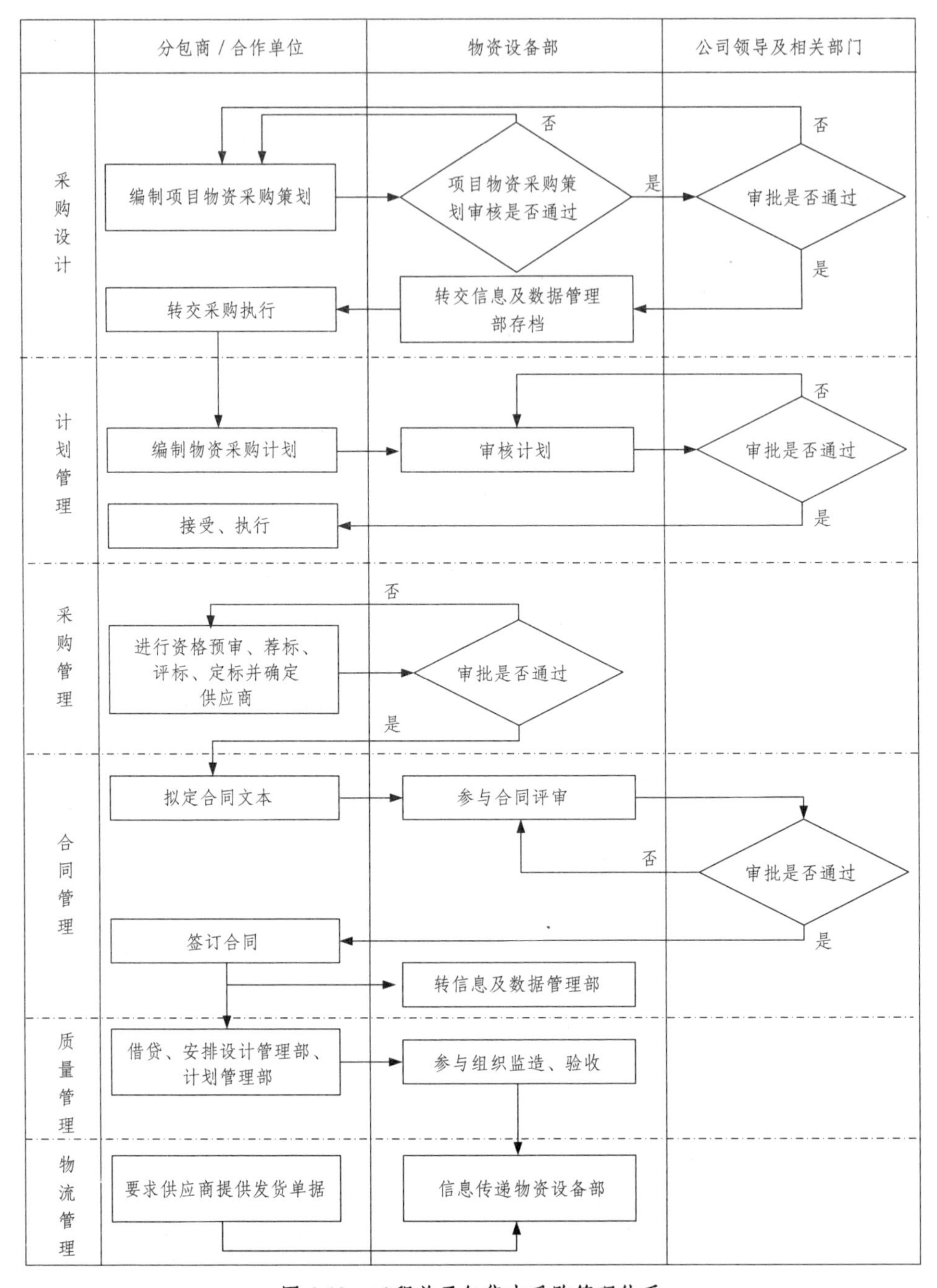

图 4-13　工程总承包集中采购管理体系

工程分包管理体系

分包是指总承包方依据相关法律和合同文件将部分工程项目发包给分包商完成的过程。在工程总承包项目中，分包包括设计、采购、运输、代理、工程、咨询、试运行及服务等方面。由于工程总承包项目涵盖的专业多，项目规模大，任何一个优秀企业也不能把所有的专业单独承建完成，合法进行专业分包是工程总承包项目普遍又实用的做法。

分包是企业总承包项目的重要利润来源，分包管理的好坏决定着工程开展顺利与否，管理水平好的项目，合同漏洞少，风险分配得当，工程就要顺利很多，管理利润也容易实现。工程总承包项目分包管理体系见图4-14。

不同企业对分包商有不同的管理方法，对分包商的管理是企业的核心竞争力。在工程总承包项目管理中，我们倡导建立总承包方与分包方的伙伴关系。以合同为基础，合理分配利润，明确相互职责，以专业互补协同工作，打造项目团队精神，实现共同目标，建立合作共赢的战略合作伙伴关系符合各方长远发展需要，也是工程总承包项目分包管理的重要理念。

对分包商的管理既要讲合作，也要讲管理。通常总包企业会建立分包商名录库，并对不同专业的分包商进行履约考核。通过“资格审查合格 - 进入企业合格分包商名录库 - 项目招标确认合作分包商 - 签订分包合同 - 进行具体合作 - 对分包商进行履约考核 - 考核结果上报企业 - 调整分包商合作级别 - 进入平台公示”，对分包商一般从总体、技能、节点目标、质量、安全、环保、人力资源等指标进行绩效考核，以此激励分包商加强合作意识，积极履约。工程总承包项目工程分包商名录见表4-4。

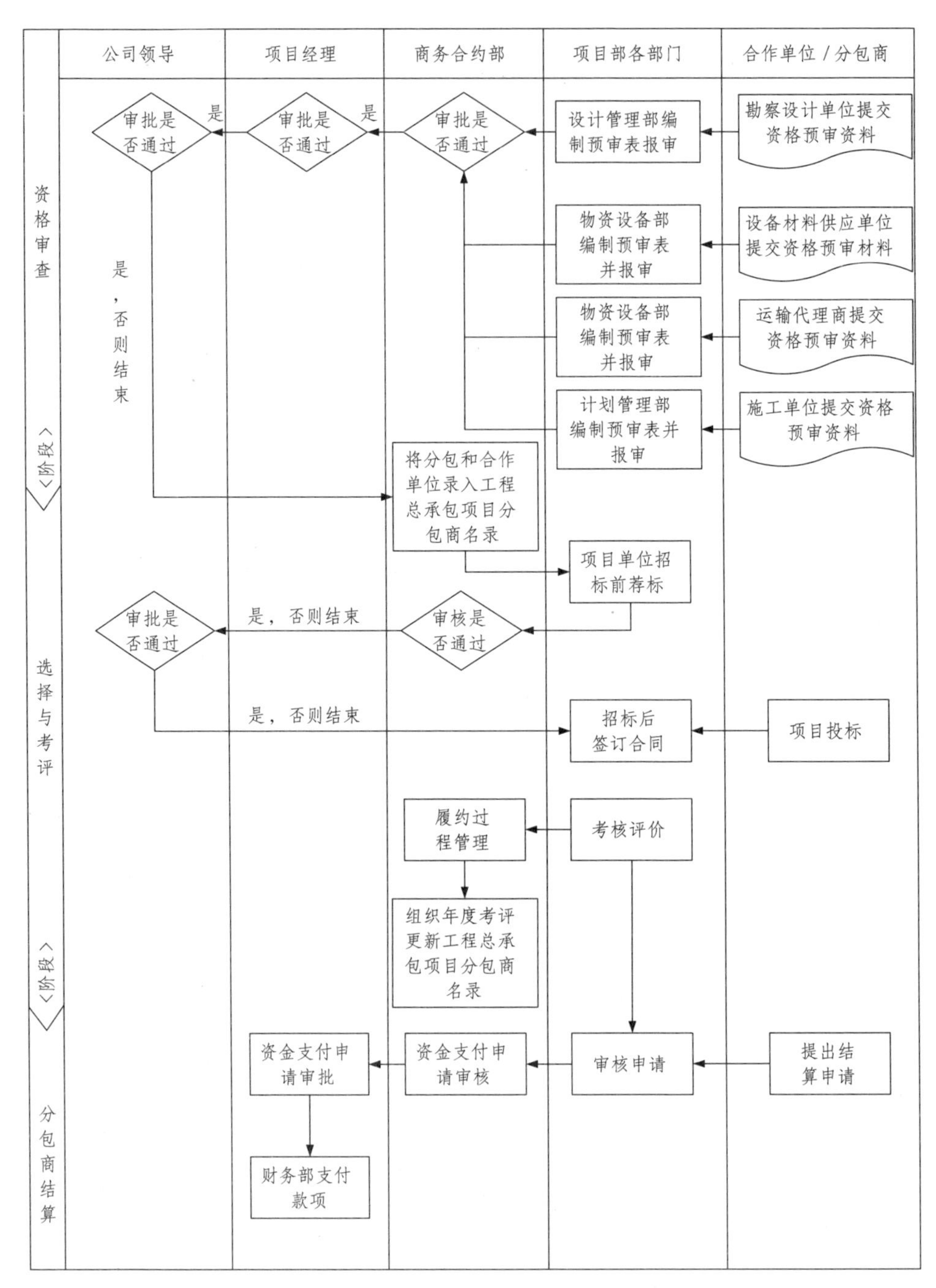

图 4-14　工程总承包项目分包管理体系

工程总承包项目工程分包商名录　　表 4-4

编制单位：商务合约部							第　页共　页		
序号	分包商名称	资质等级	主管范围	注册资本金	法定代表人	代表业绩	持质量/环境/安全证书	银行资信等级	住址/电话/传真/邮箱
一	勘察设计								
二	施工、安装								
三	支持服务								
编制/日期：			审核/日期：			批准/日期：			

工程资金管理体系

资金是工程项目管理的血液，是项目管理得以连续不断的基本保障。一些工程项目甚至企业不是因为亏损而是因为资金链断裂而难以为继、陷入无序状态，导致履约艰难，也有一些企业因为资金管理不善，造成项目长期集存大量冗余资金，比如大数额预付款或者盈余资金，致使资金使用效率低，造成浪费。一个项目运转是否良好的标准就是是否盈利。盈利取决于项目的管理水平，项目管理不仅是对人的管理，也是对资金的管理，即财务管理。

财务管理就是组织企业财务活动、处理财务关系的一项经济管理工作，项目的资金管理是以企业的财务管理制度、会计准则为指导，为项目提供收入确认、成本归集和成本核算的财务活动。一些优秀的建筑企业确立了"企业管理以财务管理为中心、财务管理以资金管理为中心、资金管理以现金流量管理为中心、现金流量管理以经营活动现金流量管理为中心"的管理理念。为实现上述要求，企业对所有工程项目的资金实行集中管理，坚持资金的"分资制"管理，按照"费用划分开、资金分计算、收支两条线"要求做好项目资金的归集和使用，通过集中调配，既保证了项目的资金需求，又最大化地避免资金长期集存导致的浪费，在企业层面可以集中资金更好为企业服务。工程总承包项目的费用构成见图4-15，工程总承包项目资金管理流程见图4-16。

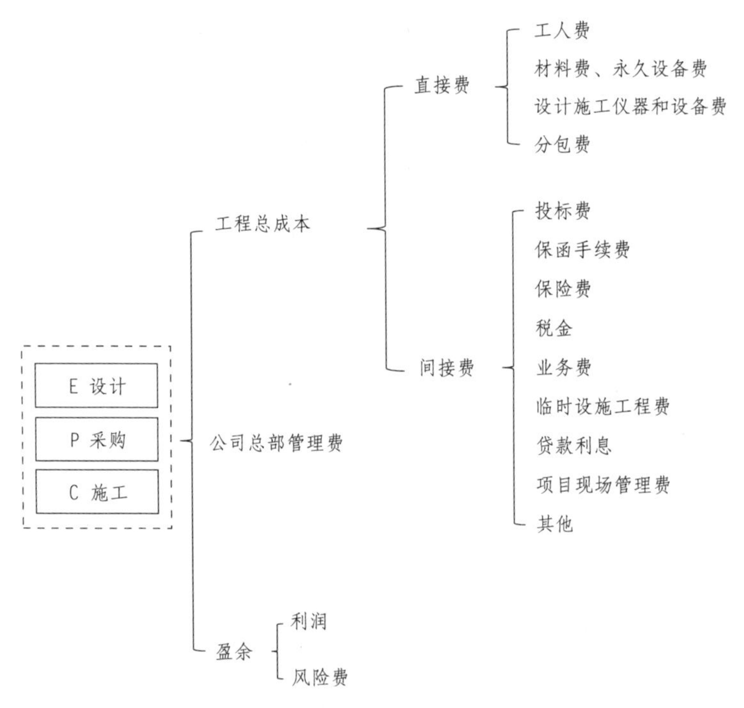

图4-15　工程总承包项目的费用构成

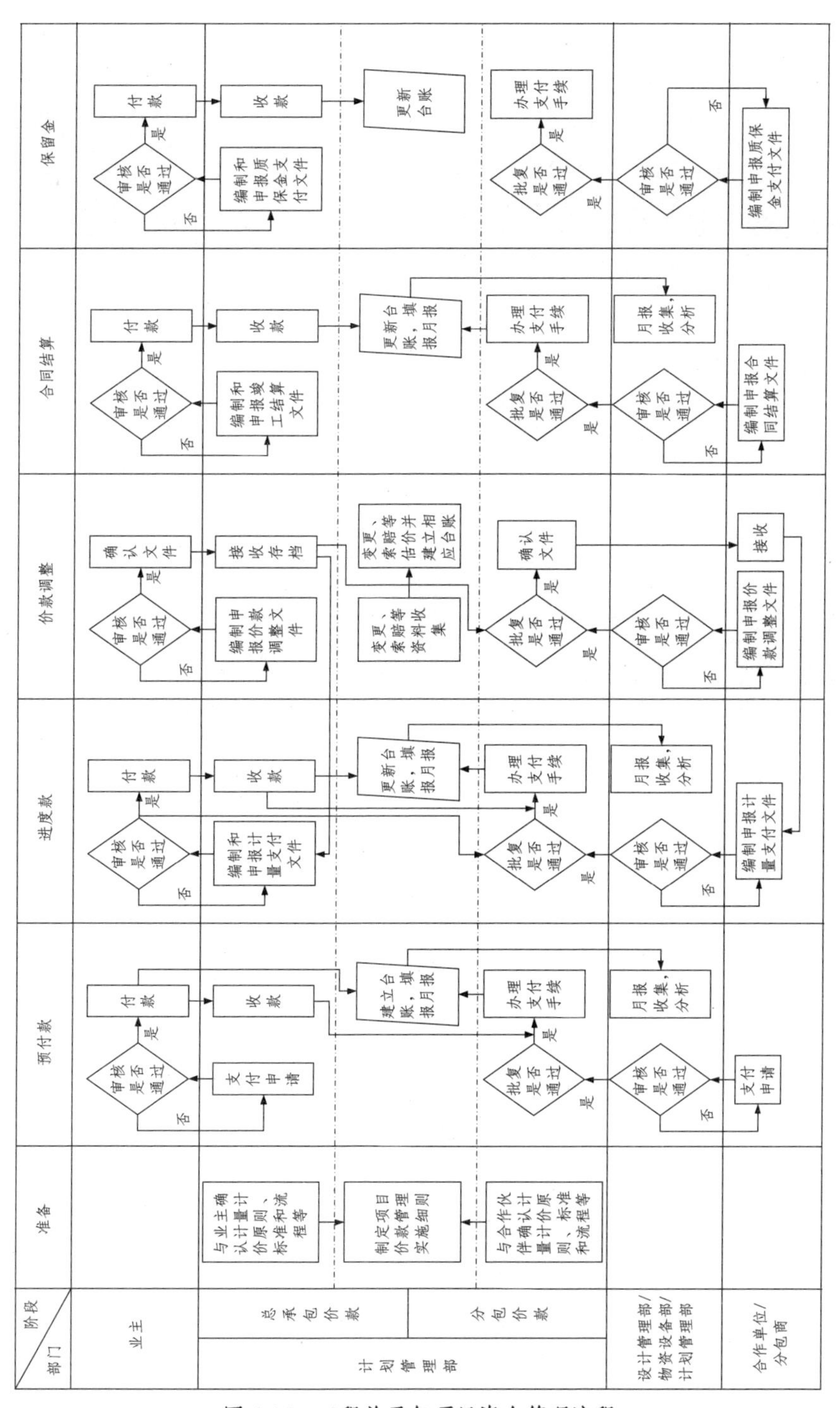

图 4-16 工程总承包项目资金管理流程

工程总承包项目的资金管理重在做好资金预算，要根据项目规模、特点、工期和工程进度做好资金策划，有序使用资金是项目资金管理的重点。加大对业主的验工计价力度，避免因变更设计、计量滞后造成的收入延缓，谨慎采用大量设备、材料库存的不合理采购造成的资金积压，严禁不合理变更造成的亏损，优先保障作业人员工资等。项目经理是项目财务管理的第一责任人。

工程试运行管理体系

工程试运行是项目实施目标的检验阶段，是对项目实体质量、设备质量进行检验的重要环节，是项目交付验收前的最后一道自检程序。项目试运行应按照合同载明的标准进行检验和试验，对试运行中发现的问题早发现、早排查、及时消除隐患，降低运营风险，最终达到验收标准。

试运行管理应包括试运行方案制定、培训服务、试运行准备、试运行实施以及试运行报告等。

试运行方案应报业主确认；培训的内容既包括本次试运行的人员、运行程序、标准等，也包括项目交付后对业主运行人员的操作培训内容，增加项目的附加值；试运行包括预试运行、试运行、性能试验等内容，其中预试运行包括单机调试、联机调试、系统调试和联动调试。试运行一般有运行时间要求，试运行通过后，要进行移交前的可靠性试验和性能试验，最后形成试运行报告。项目试运行方案主要内容见表 4-5，项目试运行管理流程见图 4-17，项目试运行管理体系见图 4-18。

项目试运行方案内容 **表 4-5**

序号	主要内容	要求	编制人
1	工程概况		
2	编制依据和原则		
3	目标与采用标准		

续表

序号	主要内容	要求	编制人
4	试运行应具备的条件		
5	试运行文件及试运行准备工作要求	试运行需要的原料、物料和材料的落实计划，试运行及生产中必需的技术规定、安全规程和岗位责任制等规章制度的编制计划	
6	组织指挥系统	提出参加试运行的相关单位，明确各单位的职责范围；提出试运行组织指挥系统和人员配备计划，明确各岗位的职责及分工	
7	试运行的程序	应充分考虑工艺装置的特点、工艺衔接和对公用工程、辅助设施的要求，合理安排试运行程序，包括预试运行、投料试运行、性能试验等	
8	试运行进度安排	编制试运行进度计划，该计划应符合项目总进度计划的要求，并对施工、竣工和生产准备工作的进度提出要求，使之与试运行全过程相互协调一致	
9	试运行资源配置		
10	试运行培训计划	培训计划应根据合同约定和项目特点进行编制。培训计划一般包括：培训目标、培训的岗位和人员、时间安排、培训与考核方式、培训地点、培训设备、培训费用以及培训教材等内容	
11	试运行费用计划	试运行费用计划的编制和使用原则，应按计划中确定的试运行期限、试运行负荷、试运行产量以及原材料、能源和人工消耗等计算试运行费用	
12	环境保护设施投运安排		
13	安全及职业健康要求		
14	试运行预计的技术难点和采取的应对措施		

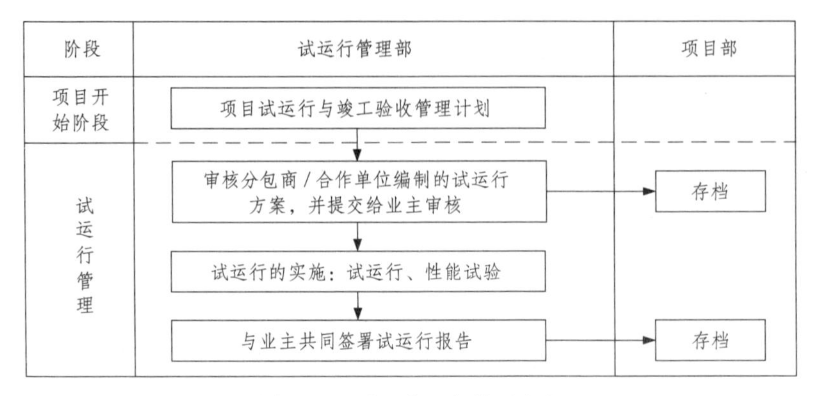

图 4-17　项目试运行管理流程

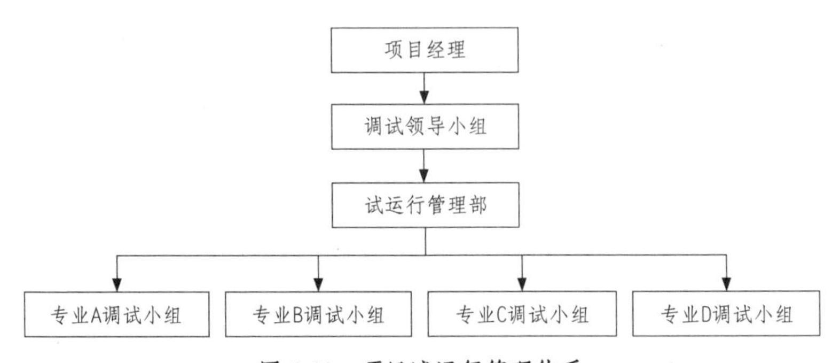

图 4-18　项目试运行管理体系

工程验收交付管理体系

试运营结束后，项目进入最后阶段，即竣工验收阶段。竣工验收就是项目成果的验收和移交，遵循的依据有合同文件、补充协议、设计文件（含变更设计）、技术和验收标准、政府主管部门批准的项目立项建议书或可行性研究报告、设备技术规范说明书、设备的设计文件和标准、业主对颁布接受证书的申请或竣工验收申请的批复意见。

竣工验收交付阶段除交付工作外，还包括管理合同的收尾，包括总包合同收尾和分包合同的收尾；项目相关方的满意度调查；实施绩效考核和总结经验教训；最后是项目经理部收尾。项目验收交付管理体系见图 4-19，项目收尾与移交管理的关键流程见图 4-20，项目竣工验收流程见图 4-21。

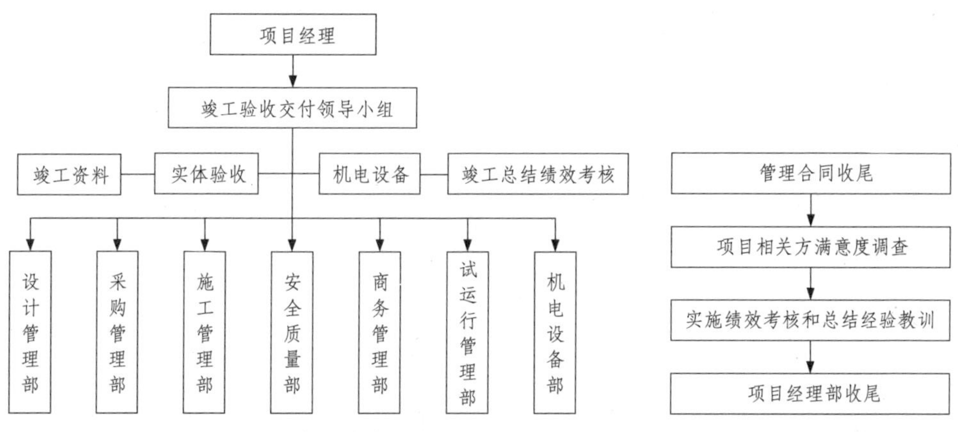

图 4-19　项目验收交付管理体系

图 4-20　项目收尾与移交管理的关键流程

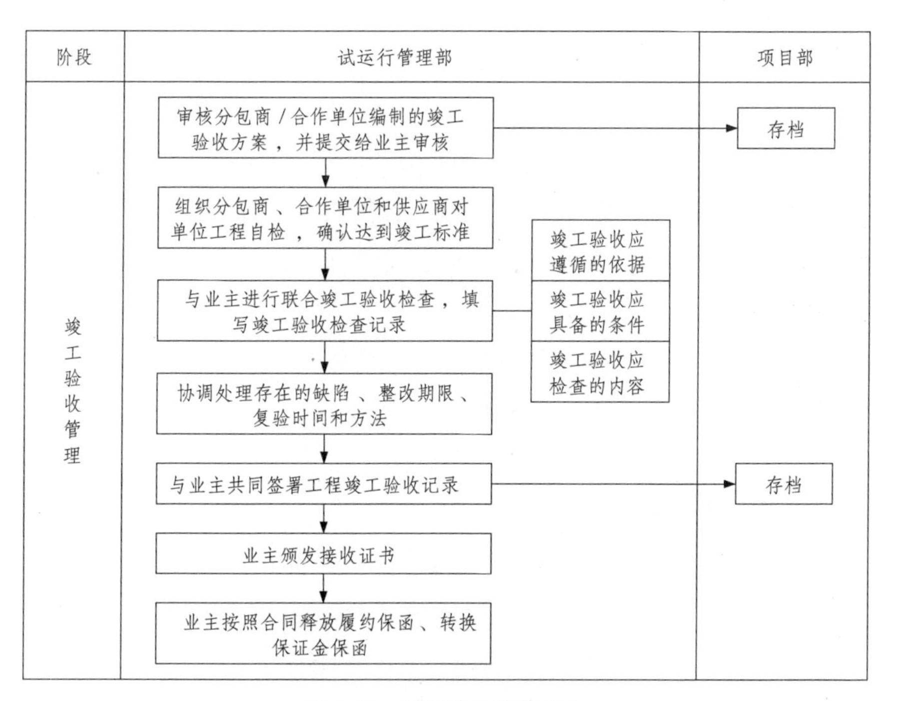

图 4-21　项目竣工验收流程

工程总承包信息化管理体系

信息化系统的建设和运用已经是企业提高管理效率的重要手段，是企业标准化管理重要的一部分，信息化深刻改变了我们工程管理人员的工作方式、学习方式、思维方式和交往方式。工程总承包作为国内新兴的工程管理模式，在项目的调研、立项、招投标和实施阶段都离不开信息化管理手段的辅助。采用信息化手段进行工程总承包管理能够提高企业生产运维效率，降低管理成本，企业信息化管理是大势所趋，是企业管理的制高点。

1. 企业信息化管理

企业信息化管理，不是简单地运用 OA 协同平台等片面的认识，而是现代化企业加速管理变革的催化剂，是以信息化带动工业化，贯穿企业生产经营全业务流程，实现企业现代化与高质量发展的过程。从本质而言，是将现代信息技术与先进的管理理念相融合，转变企业生产方式、经营方式、业务流程、传统管理方式和组织方式，提升企业管理水平，预控防范风险，理顺内部机制，增加盈利和降低成本，增强企业核心竞争力，顺应市场竞争规则的企业管理变革、管理升级过程。因此越来越多的企业在思考未来发展方向和动力时，把数字化转型升级作为企业发展的重要支撑，通过信息化、数字化建设，数据的纵向互通、横向互联、集成共享，实现企业从传统的制度管理、流程管理向信息化管理、数字化管理的转变。

企业信息化管理应完善管理规划，建立管理体系，运用管理平台，找准实施路径，明确管理内容，最终实现“企业管控集约化、业务管理高效化、资源配置精细化、生态协同平台化”的战略规划目标。企业信息化管理规划见图 4-22。

（1）企业信息化管理体系

企业信息化管理体系包括组织管理体系、业务管理体系和数据管理体系。

1）组织管理体系

组织管理体系一般分为战略规划层、管理控制层、执行操作层。数字化转型的分为数据收集、数据处理、数据应用三个阶段。组织管理模型与数字化转

图 4-22 企业信息化管理规划

型的三个阶段之间呈现倒三角的对应关系，即执行操作层实现数据的收集，管理控制层实现数据的处理，战略规划层实现数据的应用。从而构建了以数字化驱动为导向，自下而上的知识链与数据流协同、开放的组织结构。

2）业务管理体系

业务管理体系包括企业业务管理体系和供应链业务管理体系，企业业务管理体系是按照组织管理体系从项目、分公司、企业不同的业务场景具体业务来划分。

供应链业务管理体系是按照产业生态链对企业业务管理体系的一种延伸，在企业管理信息化平台，也就是互联网集成平台的基础上，利用互联网轻量化技术实现分供方在线协同。

3）数据管理体系

数据管理体系建设必须遵照严格的标准体系建设规范，通过对全企业数据资产的有效梳理，打通数据壁垒，建立数据标准，提升数据质量，打造数据驱动力与服务力。数据管理体系分为数据标准、数据治理、数据应用三个层级。

（2）企业信息化管理平台

1）互联网集成平台

互联网集成平台是以公有云和私有云为基础，利用云计算、物联网、大数据、人工智能、移动互联网等技术手段，同时引入中台的概念，通过技术服务手段搭建的开放性服务平台。

2）BIM 应用平台

BIM 应用平台是充分利用 BIM 的直观性、可分析性、可共享性及可管理性等特性，通过与云计算、大数据、物联网、移动互联网、人工智能等新一代信息技术的集成应用，实现建筑智慧设计、智慧建造、智慧运维的全生命周期管控。

3）智慧工地平台

智慧工地平台，是依托物联网、移动互联网、云计算、人工智能、大数据等信息技术建立的大数据集成平台，围绕工地现场的人、机、料、法、环等生产要素，实现施工现场管理在线、工具在线、工艺在线，通过数据全方位加工和应用，以达到提升现场监督能力，提高管理效率、降低劳动强度的目的。

4）大数据平台

基于最新的数据湖技术体系，实现大数据平台的部署建设。首先，数据湖支持管理和对接各类数据引擎，各类数据对接进入数据中台，我们称之为“入湖”。其次，数据“入湖”大数据中台以后，形成了大数据中台的数据资产，达到数据统计、监控数据治理、数据资产运营的目的。再次，主题数据集市中各层级数据都可以进行数据资产运营和发布使用。最后，大数据中台具备数据组件插拔安装的可扩展能力，以满足大数据生态日新月异的需求与应用场景。

（3）企业信息化管理内容

信息化要落地，主要体现在数据的价值和重要性是否能发挥作用，能够通过数据的利用为企业提供哪些支撑服务，重点就是要了解企业各组织层级的管理诉求，希望通过信息化管理达到什么样的管理目的。根据工程总承包管理的特性，并结合战略规划层、管理控制层、执行操作层不同层级的需求，总体有战略管理、客服营销、生产技术、质量安全、商务合约、财务资金、人力资源、业绩考核、党建工作九项内容。在战略规划层希望通过信息化落地达到战略规划、风险管控、目标管理、绩效考核、决策分析等管理需要，管理控制层则可以利用数据进行有效的资源调配，支撑招标采购等工作，操作层可以通过一些场景化的应用实现业务替代，提升工作效率。

2. 项目工程总承包信息化管理

在目前的工程总承包项目招标中，建设单位已普遍要求在项目建设过程中运用信息化管理技术。通过信息化管理手段使项目的各种信息快速传递与汇总，提高工程参建各方的信息交流效率；同时通过信息化管理手段使工程建设的安全、质量、进度、成本等重要信息“平台化、透明化”，辅助总承包部对项目建设过程进行总体管控。

（1）信息化业务管理体系

工程总承包信息化业务集成管理示意见图 4-23。

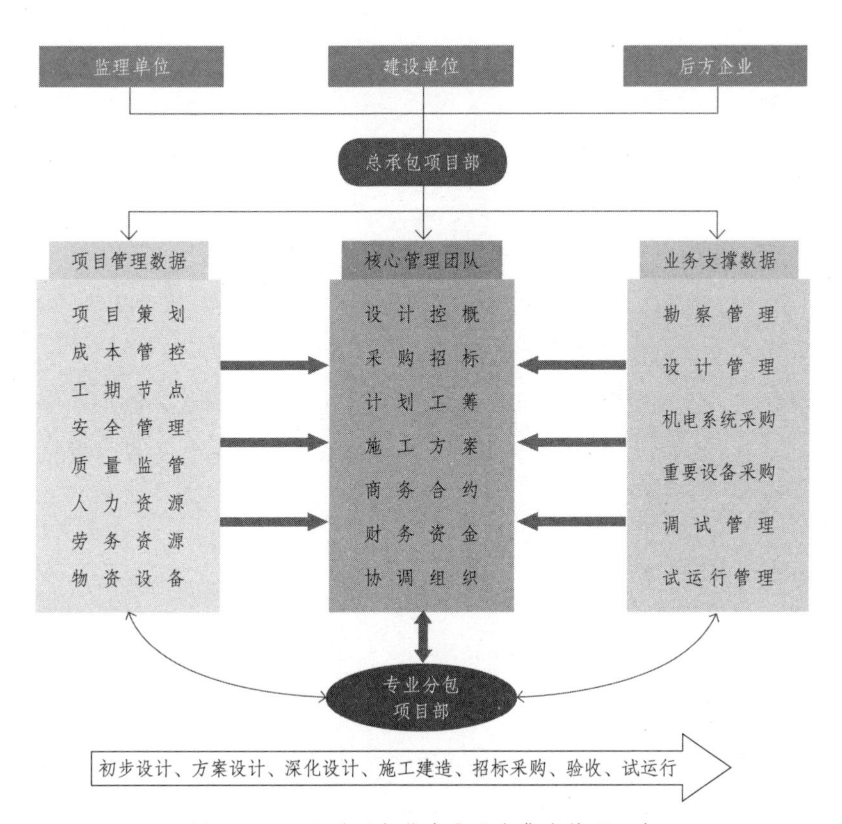

图 4-23　工程总承包信息化业务集成管理示意

（2）信息化管理主要内容

1）项目策划

利用信息技术，进一步明确各级管理机构在项目策划中的职责和主要任务，保障项目首次资源配置的适当性和施工部署的合理性，防范系统性风险，方案预控有效运用智慧工地建造管理平台中智能报表的分析与预测，能确保方案管理程序合规、合法；成本预控利用信息化集成，反映项目过程管控情况，预警实际值和责任值产生偏差时，进行原因分析，对存在问题采取整改措施，实时纠偏。

2）成本管控

成本管控系统充分利用大数据集成，以项目经济线全过程业务活动为主线，获取各类经济指标，后台智能化分析，实现项目经营情况的直观展现。同时，对关键指标执行，实行在线监督，动态管理，当责任指标与实际完成指标出现偏差时，系统及时预警，项目管理人员根据预警情况进行分析，找出存在问题，提出整改意见，及时纠偏。主要数据包括：主材节超、管理动态、利润情况、产值确权、变更创效等。

3）工期节点

工期节点：梳理项目总体工期筹划，确定以合同工期节点为重要工期节点，以公司规定的关键性工期节点为控制性工期节点。

节点预警：通过实际工效与理论工效的对比分析，判断关键节点能否按期完成。如有滞后，则根据预警条件设置系统会自行判断向各层级管理人员发送短信预警信息。预警条件按履约风险等级划分为一级、二级、三级。一级为企业层级，二级为公司（分公司）层级，三级为项目层级。

进度报告：自动生成日报、周报、月度，项目管理例会可直接采用数据进行分析汇报。

4）安全管理

基于移动互联网和大数据技术的安全管理系统，以安全风险辨识为基础，突出风险管控，强化隐患治理实现安全管控动作标准化，过程管理规范化，形成企业与项目安全管理问题库等信息资产。安全管理指标包括：风险管理、安全行为之星、安全动态、安全巡检等。

5）质量监督

基于移动互联网和大数据技术的质量管理系统，实现质量管控动作标准化，过程管理规范化，企业与项目决策数字化。解决传统低效率的质量管理问题，避免人为修改数据，实现现场质量检查、整改、复查等业务智能流转，问题与事故可追溯，形成“事前预控”“事中管控”“事后总结”的全过程动态管理。主要管理指标包括:质量月报、质量问题类型、质量动态、质量巡检、巡检统计等。

6）人力资源

基于平台智能报表分析功能分析项目管理人员年龄、性别、知识层次等结构，有助于人力资源的大数据分析，合理优化员工资源，激发员工工作热情。主要管理指标包括: 项目人员总况、政治面貌、学历构成、工龄情况、用工性质等。

7）劳务资源

基于移动互联网和大数据的智慧工地劳务实名制系统，核心优势就在于能够将繁琐的事务性管理数字化和智能化，智慧工地的劳务管理不仅仅是避免管理劳务所出现的用工风险，更重要的是优化企业管理减轻负担同时又能保障工人的合法权益。劳务工人进入工程项目现场后，经过智慧工地进行实名登记（包括姓名、性别、年龄、工种、采集正面照片、身份证信息以及入场时间等），形成劳务信息数据库，实现人员考勤数据采集、数据统计，完善人事管理现代化，准确掌握出勤情况、人员流动情况，形成工人出勤统计，做好工资发放管理。主要管理指标包括: 进场管理、培训记录、考勤管理、工资发放等。

8）物资设备

利用信息化对材料相关数据进行集成和共享，规范材料管理流程，直观快速了解材料购入、消耗、库存的情况，并对主要材料的进场及消耗进行分析，特别针对自建搅拌站进行管理，能对项目材料节超有效管控，通过指标分析，发现材料管控漏洞，追溯问题，及时整改，用信息化倒逼内控管理。主要管理指标包括: 材料盘存、主材进场情况、主材消耗情况、材料节超情况。

以信息技术为基础，进行设备信息数据监管，为企业的设备信息管理建立一个集中的共享数据库，实现设备管理的一体化数据采集、传输和处理，能够使各种点检、维修、维护、润滑、保养、备品备件、资材计划及维修合同预算等自动生成，用以完善各种标准，随时掌握设备的运行状态，实行有效的预防性维修，保持和改善设备的工作性能，减少故障，延长零部件的使用寿命，提高设备运行率和减少设备的故障率。主要管理指标包括：设备数量、设备登记、维修保养等。

（3）信息化实现目标

EPC总承包项目信息化集成管理平台，是构建一个以项目为主体、进度为主线、以内控为核心、安质为保障、监测为手段，多方协同、多级联动、管理预控、整合高效的智能化生产经营管控平台，更准确及时的数据采集、更智能的数据分析、更智慧的风险预警，实现项目管理的数字化、系统化、智能化，保障工程目标顺利实现。

1）数据应用

遵循“数出一源、一源多用”的原则，确保源数据的真实性、唯一性、及时性、有效性，实现源数据的纵向互通、横向互联、集成共享，利用数据可视化分析，进行有效的资源统筹调配，提升项目管控水平。

2）风险预警

进度管理：提高项目工期履约管控效率，通过对关键节点实际进度与计划进度的实时监控对比分析，自动分析进度管控风险并分级预警，保证工期目标的顺利实现。

质量管理：从质量问题分布、质量问题发生频率、质量问题发生趋势等角度进行智能分析，实时反映工程质量状态，形成“事前预控”“事中管控”“事后总结”的全过程动态管理，推动质量管理有的放矢。

安全管理：通过监测预警系统，解决人工监测频率不足、监测数据不真实等问题，实现监控及预警真实、全面、及时，有效降低安全事故发生概率。

环保监测：快速有效地对项目施工场地环境进行准确监测，提高对环境监测数据分析管理的科技水平，实现工地现场扬尘监测、噪声监测等环境指标的记录、智能分析。

成本管理：对关键指标执行，实行在线监督，动态管理，当责任指标与实际完成指标出现偏差时，自动分级预警，管理人员采取措施及时纠偏。

3）视频监控

实现对施工场地、办公区域、生活场所、大型、高危风险（重要）工点工序的实时全方位监控、管理、巡查，留存影像证据、资料，总结分析数据资料，优化管理层巡查检查方式，减少基层传统低效率的问题，为基层减负。

4）知识管理

非结构化数据和半结构化数据的存储和应用系统，是大数据系统的补充，建立资料分级分类管理体系，分级授权，实现工程图纸、各类图片资料、文档的数据共享，服务于项目生产经营。

EPC

Excellent Management on
EPC of Construction Enterprises

第三篇
工程总承包卓越管理内容

05 掌握
工程总承包卓越管理内容

工程总承包不是简单的设计+采购+建造，而是三者同为一个利益体。工程总承包管理精髓是“设计、采购、建造的深度融合”，将采购纳入设计程序，充分发挥“设计”的龙头作用，让设计充分介入工程建设全过程，指导采购和建造，并吸收采购和建造的反馈意见、调整设计，形成高效的互动和互促，更好地保障工程进度、质量安全、投资控制。

管理原则

做好工程总承包管理，就要充分理解工程总承包不是简单的设计＋采购＋建造，而是三者同为一个利益体，与传统模式相比，最大特点就是将原先分离运行的设计、采购与建造融合为一体，减少了传统模式下设计与采购、建造的衔接问题，减少采购与建造的中间环节，顺利解决了施工方案中的实用性、技术性、安全性之间的矛盾。

工程总承包管理精髓是“设计、采购、建造的深度融合”，将采购纳入设计程序，充分发挥“设计”的龙头作用，让设计充分介入工程建设全过程，指导采购和建造，并吸收采购和建造的积极反馈调整改良设计，形成高效的互动和互促，更好地保障工程进度、质量安全、投资控制。工程总承包管理需要遵循以下四大原则：

（1）满足合同目标要求的原则

工程总承包管理是工程承包商受发包方的委托而承担工程建设任务，承包商必须树立服务理念，为项目建设服务，为发包方提供建设服务，项目管理目标的确定，首先要满足合同规定的目标要求，管理的总体目标是以进度、质量、成本目标为核心，并涵盖安全、环保、管理、创新等全方位的综合目标体系。

①根据招标文件的工期要求，因时、因地制宜地科学组织设计施工，配足各类资源，使各阶段设计施工衔接有序，以确保总体计划和各阶段计划的实现，从而确保总工期。

②按照国家及行业有关规定，建立完整的质量管理体系和控制程序，明确工程质量方针、目标，结合项目特点与实际情况，制定切实可行和有效的工程质量保证措施，设计施工过程严格进行质量管理与控制，确保工程质量合格并力争在国内同类工程中达到领先水平。

③针对项目的实际情况，在保证安全可靠、质量的前提下，按照经济合理的原则比选优化设计施工方案，设计中推行限额设计，明确各阶段及整个项目的限额设计目标，从而使项目投资可控。

（2）实现项目效益目标的原则

效益是企业参与项目管理所追求的首要目标，是一切工程项目管理的“核心”，实现效益目标是企业生存的根本，向管理要效益是项目经理及项目部所有成员的共同目标，是推动企业发展的基础。在实现发包方合同目标要求的同时，尽可能地降低建造成本，为企业创造最大经济效益；同时通过进度质量、安全目标的实现，树立企业品牌，为企业创造社会效益。

（3）总体统筹、专业协调的原则

工程总承包企业以服务于发包方为核心开展工作，充分发挥总承包管理体系的综合组织、协调和控制能力，总体统筹，按照合同要求，对项目实施全过程进行策划、组织、协调和控制，对资源进行动态管理，注重在技术、质量、安全、进度、环保等目标上的管理整合，通过合成管理方式，在项目建设各阶段、全方位做到总承包管理的协调有序。

需要工程总承包企业进行组织协调的工作涵盖项目的全方位、全过程。在项目外部有政府及相关主管部门、周边单位和居民、相关的社会资源与条件等的协调。在项目内部有发包方、设计、监理、各分包商等方面的协调。施工过程中有各专业施工队间的协调。在资源供求上，有人力、物资、经济资源与相应的工程施工需求之间的协调。在目标方面，有技术、质量、进度、成本、环卫、消防、安全目标之间的协调。所有这些方面都需要工程总承包企业的精心谋划、组织与协调，才能达到相对的平衡与和谐。

（4）设计为重的管控原则

设计是龙头，在项目实施过程中至关重要。如果设计工作协调不好，将直接影响项目设计质量、项目投资及进度总目标的实现。设计是投资控制的重点，也是创造利润的关键点。

加强设计与施工工艺和方案紧密结合，满足合同要求的同时，从有利于合同工期、采购和施工的角度出发，尽可能降低施工的技术难度。

实行限额设计，通过精细比选，优化设计方案、设备选型、材料标准及相关专业技术方案，做到“技术可行、经济合理”，在满足项目合同要求的前提下，按分配的投资限额控制设计，严格控制设计的不合理变更，把项目总投资额控制在合同封顶价内。

项目管理核心要义

（1）项目是企业管理的中心。项目是企业的执行单元,具有临时性、一次性、独特性等特点。建筑企业是以项目为基础发展的，企业的各种资源都集中体现在各工程项目中，项目是企业的效益之源、信誉之源，是企业人才最大的培育基地，项目的管理水平代表着企业的工程管理水平，企业管理要围绕项目展开工作。

（2）策划先行、方案预控。由于地形和地质条件的复杂性，铁路、公路、水利等基础设施项目一般都具有桥、隧、涵、渡槽、防护等多种构筑物，即使在比较单一的长隧和长桥等项目中，其工程更是面临复杂地质条件和水力条件带来的不确定风险因素；在地铁等市政项目中，也有不同管线、景观树木、市政设施的拆迁，也要对基坑近距离建构筑物保护、保障市民基本的交通出行等制定具体的组织措施、技术措施；在工程总承包管理中，除施工总承包面临的风险外，还会面临由于管理链条拉长带来的效益风险、工期风险等，因此基础设施的项目管理尤其注重项目策划，注重技术方案的先头作用。通过工程分析，准确把握工程特点和重难点，理清脉络，制定施工方案，明确工程顺序，针对性投入施工要素，预防项目风险，为实现项目目标奠定基础，这是策划先行、方案预控的意义。

（3）目标和责任连锁。目标管理和计划管理是项目管理中常用的管理方法，目标管理是项目组织者在确定项目总体目标后，通过目标分解，形成项目的关键阶段目标，并细化到主要责任人、责任部门及每个个体的目标，建立考核、纠偏、奖惩的责任连锁机制。重视贡献、重视绩效是衡量项目管理者、项目员工的唯一标准，是目标和责任连锁的出发点。

（4）均衡施工理念。均衡施工是按照施工组织设计有序上场施工要素，连续均衡开展施工生产的管理方法。均衡施工要求能够提前预判项目进展中的各种风险，提前编制针对性实施措施，实施精细管理，项目高效运转，并能迅速解决突发问题，充分利用项目各项资源，项目安全、质量、进度有序可控。实践证明，均衡施工是工程项目组织的有效管理方式，前松后紧、一哄而上的突击式组织方式会造成项目效益的流失，甚至使项目失败。

（5）主要矛盾和木桶效应。“木桶盛水的多少，不取决于周边最长的木板，而取决于其最短的木板”。木桶理论告诉我们，要想盛更多的水，不是首先增加最长的木板，而是下功夫依次补齐最短的木板。在项目管理中，也要善于发现管理环节中最薄弱的一环，如技术管理、分包队伍管理、工程总承包中设计管理及与施工、采购的相互融合等方面，防止一个因素影响项目整体推进质量。发现问题，确定主要矛盾，迅速弥补短板是项目管理常用常抓的管理方法。

（6）树立不断创效意识。建筑市场竞争十分激烈，企业为扩大规模、抢占市场经常低价中标，受区域市场经济的影响，业主也经常通过采用合理低价的竞标方式确定中标人，低价中标已是常态，投标人即使中标，项目利润极低，甚至徘徊在亏损的边沿。由于基础设施项目的复杂性，稍有不慎，项目就会亏损。在比较严峻的建筑市场环境下，项目的创效管理尤其重要，创效能力就是盈利能力。通常以合同文件、设计文件为切入点进行深入研究，找准创效渠道，针对性采取技术、商务等措施，通过变更和索赔，达到减损增盈目标，弥补中标单价低的先天之不足。

（7）开源节流决定项目成本。开源是广开收入之源，增加收益；节流是减少项目支出，减少无效开支。项目成本控制就是争取以最小投入产生最大收益的过程，就是采取措施开源节流的过程，开源节流能力代表了项目的运行效率和管理能力。

（8）惶者长存。在企业管理中，我们常常借鉴一些优秀企业加强危机意识的管理理念，如任正非在华为势头最好时，出版了著名的《华为的冬天》，并且每隔三五年就要发出“冬天来了”的警告，德国奔驰公司挂着一幅巨大的恐龙照片，照片下面写着警示语：“在地球上消失了的，不会适应变化的庞然大物比比皆是”，其实在项目管理中，也要有惶者长存的理念。项目管理是动态的，随着项目进展，不断会有新的地质、工法、特殊气候等带来的安全质量问题，制约着项目的正常进展，在信息化时代，任何问题都有可能被传播放大，甚至给项目造成严重影响，只有保持清醒，始终警惕，才能及时果断采取措施，防患未然；建筑市场是甲方选择乙方的市场，业主为选取优秀的中标单位，往往会在招标文件中设置优者加分办法，如铁路市场的信誉评比、公路市场的分级考评等，使建筑市场竞争趋向激烈，促使企业为适应市场不断进行项目管理创新，只有跑在前列的企业才能巩固市场，赢得更多份额，才能在竞争中胜出。因此始终保持危机意识、不断优化管理行为是进行项目有效管控的前提。

对发包方要求

（1）职责明确

发包方作为项目的投资者和项目使用或受益者，其职责贯穿于项目的全生命周期。在项目建设生命周期中，发包方是项目推进的关键力量，是项目资源的整合者，最有条件和决心提高项目实施水平。发包方一般负责项目的策划、项目融资、项目市场推广、项目主要目标的确定、招标和合同谈判原则和策略以及项目方案审查、重要设备和材料的审查、合同价款变更、工期变更、方案变更等重大问题的管理和决策。

（2）目的明确

发包人在招标文件和合同中需明确项目建设要求，列明项目的目标、范围、设计和其他技术标准，包括对项目的内容、范围、规模、标准、功能、质量、安全、节约能源、生态环境保护、工期、验收等的明确要求。

对总包方要求

工程总承包单位应当同时具有与工程规模相适应的工程设计资质和施工资质，或者由具有相应资质的设计单位和施工单位组成联合体。工程总承包单位应当具有相应的项目管理体系和项目管理能力、财务和风险承担能力，以及与发包工程相类似的设计、施工或者工程总承包业绩。

总承包管理是对业主负总责的项目管理，应重视总包管理的综合组织、协调和控制能力。以服务于业主为核心开展工作，充分发挥总承包管理体系的综合组织、协调和控制能力，全方位覆盖自主分包、指定分包以及业主直接分包在内的管理工作，有效的应对多方需求，加强协调力度，力求使所有项目相关者满意。

各方主要职责

（1）发包方

①在项目决策阶段，负责编制项目建议书、项目预可研和可研报告；编制项目的各项评估报告；完成向主管部门报批；负责项目资金的筹措；委托或自行完成项目的初步设计。

②在项目组织计划阶段，负责编制项目相关招标文件，选定项目总承包方、监理等；组织评标及各类项目合同的签订。

③在项目实施阶段，协助总承包方完成总承包项目的各项征地工作；向总承包方明确项目的建设总体目标以及各项管理目标，审查总承包方编制的总体部署和运行计划。

④在项目验收阶段，负责项目的竣工验收工作。

（2）总承包方

总承包方负责项目实施阶段的各项工作，主要职责如下：

①编制项目管理计划和项目实施计划。

②根据项目实际情况选择相关分包方。

③协助发包方做好项目的前期（如规划、用地、防雷、消防、环保等）报建工作。

④负责完成施工图设计；负责工程变更控制管理。

⑤负责项目设备、材料的采购。

⑥负责工程建设的项目管理、监督和协调工作。

⑦对项目进行预验收，并积极配合发包方的各项验收工作。

⑧试运行阶段负责处理有关施工遗留问题，或根据合同要求进行技术服务。

⑨负责建成项目后向发包方的移交工作。

（3）分包方

①在总承包方的领导下开展工作，遵循分包合同的要求按期、优质、安全地完成各项分包任务。

②严格执行总承包方制定的项目管理办法、规章制度及相关规定，并建立健全自身的各项规定制度和管理办法，满足总承包项目管理要求。

③工程竣工后，分包方应当及时地向总承包方提供完整的竣工验收报告和竣工资料。

④承担合同范围内规定的分包工程质量保修责任。

项目核心管理要义

工程总承包项目管理是一个复杂的系统工程，其核心管理要素为一个坚强的领导核心 - 总承包项目经理，五个核心管理部门：计划部、设计部、采购部、建造部、协调部，五个核心管理经理人：计划经理、设计经理、采购经理、建造经理、协调经理。

（1）坚强的领导核心

项目经理是工程总承包项目合同中的授权代表，代表总承包方在项目实施过程中承担合同中所规定的总承包方的权利和义务。负责按照项目合同所规定的工作范围、工作内容、工期目标、质量标准、投资限额等要求全面完成合同目标任务，为顾客提供满意服务。按照总承包方的有关规定和授权，全面组织、主持项目部的工作，全面负责项目管理及项目团队建设。

对于项目部，项目经理理所当然地处于项目管理的核心位置，属于统领项目的最高决策者，他的各项能力决定着项目的成败。

工程总承包管理要求项目经理是：既懂设计又懂采购和施工、既熟悉工程技术又熟悉政策法律法规、具有工程总承包综合管理能力的复合型人才，具有以下能力：

①符合项目管理要求的能力，善于进行团队建设与沟通；

②具有相应的项目管理经验和业绩；

③具有项目管理需要的专业技术、管理、经济、法律和法规知识；

④具有良好的职业道德和团队精神，遵纪守法、爱岗敬业、诚信尽责。

（2）核心管理部门

1）计划管理部：

①组织编制“项目节点控制计划”“设计、采购、施工、安装、调试各线条控制计划”“项目总进度计划”，综合考虑成本效益，满足工程总承包项目进度需求。

②组织编制设计、采购、施工、安装各线条之间相关接口策略性计划，并在相关分包合同文件中提出控制要求。

③负责关键节点、总进度计划的审核、监控、更新、预测及汇报，提供相关报告供项目经理决策。

④建立进度计划关键绩效指标，全过程监督项目进度的健康程度，以便对进度延误提前预警。

⑤定期进行进度风险分析评估，对出现偏差的进度，采取适当的风险管理和风险缓解措施，确保关键线路满足节点工期要求。

⑥对日常的进度延误分析，准备延误评估报告，详细说明有延误事件的延期权利，以支撑商务索赔报告。

⑦负责考核月、季、年计划完成情况，并出具奖惩意见。

⑧联合建造部收集现场的实际进度数据，提供给企业作为项目计划管理的历史数据库。

2）设计管理部：

①审查提供的工程设计所必需的基础设计资料。

②编制各阶段设计进度计划并监督设计进度。

③编制各阶段设计任务书，审核设计成果并参与设计成果评审。

④负责项目各阶段的报建报批工作以及承担对接政府主管部门及行业协管部门有关设计的协调、管理职能。

⑤负责组织施工设计交底及召开项目部设计管理工作会议，全面负责项目设计质量、进度、创效管理。

⑥研究、熟悉工程总承包合同文件确定的设计工作范围，明确设计分工，进行设计工作分解。

⑦负责组织对设计质量问题的调查分析，制定预防和纠正措施，并提出责任追究意见。

⑧负责内审各专业施工图设计以及其他单独委托的各专项设计的设计成果，跟进各阶段设计工作进展情况，确保设计计划的落实；当进行设计分包时，负责对设计分包单位的选择、评价、监督、检查、控制和管理。

⑨项目设计工作结束后，组织、整理、归档有关的设计资料，对本项目的设计管理经验进行总结。

3）物资设备部：

①负责组织管理项目采购业务，包括采买、催交、检验、运输、交接等工作。

②负责制定采购计划并落实。

③负责调查、评价、推荐合格的供应商及采购分包商，并对其进行监督、检查、控制和管理。

④负责全面完成采购工作的进度、费用、质量和安全、环保目标。

4）建造管理部：

①在设计阶段向设计管理部提出建造便利性需求，识别技术、质量、安全、快速建造重难点，提高设计图纸的可建造性和经济性。

②负责向计划管理部和物资设备部提出招采计划要求，确保建造的连续性。

③负责将总承包各部门要求落实到各专业分包，同时将现场运行情况反馈给各部门，实现信息、制度、流程的不断更新。

④提前识别所在内、外部接口并与相关方保持紧密联系，定期审核相关接口，

确保接口要求有效执行，定期召开施工协调会，以便进行工程协调和管理。

⑤规划、实施、监控工程建造、调试过程的进度、质量、安全、环保、材料、验收等，对过程风险进行评估，定期向各部门进行通报，确保工程按期竣工，并达成质量、安全与成本控制的要求。

⑥负责项目生产现场总平面管理及其他生产资源协调。

⑦负责项目现场施工、运输等公共设施设备、临时水电等公共设施资源的安装、维护与运行管理，负责安全、急救、防火、安保、出入口交通等公共服务资源的管理。

（3）核心管理团队

①计划经理：

负责项目的所有进度规划及计划事宜，包含编制、集成、监控工程项目进度计划；审查专业分包的进度计划；编制与项目设计、施工、安装、验收及设备采购相关的衔接策略计划，编制各专业之间的进度计划接口，与项目团队一起编制、落实、监控及修正进度计划；定期汇总及提交进度报告；根据需要编制应急规划和复原进度计划。

②设计经理：

负责管理设计全过程，提供优良的设计管理服务，管理工程每一个单元的设计全过程，负责土建设计、建造设计及机电设计之间的协调管理，提供设计管理及其分项设计的日常管理，确保设计团队在设计过程中获得及时的咨询；确保设计符合政府和发包方的要求。

③采购经理：

负责组织编制采购进度计划，明确项目采购工作的范围、分工、采购原则、程序和方法，并根据采购预算，编制采购用款计划；执行项目采购计划，负责组织、指导和协调采购工作，处理采购有关事宜和供应商的关系；完成项目合同对采购要求的技术、质量、安全、费用和进度以及工程总承包企业对采购费用控制的目标与任务。

④建造经理：

负责土建施工规划，机电系统的设计、制造、安装和安全启动工作规划，并达到质量、安全及预算方面的要求；管理土建及前期、机电建造工程师；管理各专业分包。

⑤协调经理

负责项目的内部及外部协调，负责编制协调管理办法，明确协调的范围、程序、方式。负责与业主、监理、政府主管部门等协调施工过程中有关征地拆迁、临时用地、施工进度、文明施工等内容。

管理的主要内容

1. 设计管理

设计管理是工程总承包管理的重要组成部分，是项目管理成功的基础条件，贯穿于整个项目始终。通过建立系统完善的设计管理制度体系和高效有序的设计管理机制，规范设计管理活动、明确设计管理流程、落实设计资源需求、加强产品质量控制，细化设计进度安排、限额设计、服务工程建设管理。

对整个设计过程有效的管理，可加快设计文件、图纸的进度和确保设计质量，达到技术先进、经济合理及控制投资的要求，并保证项目施工的顺利进行。通过对设计方案的调整和工程变更的管理，可有效控制建设项目施工阶段的投资。

设计管理的主要内容包括：

（1）设计标准制定

在项目设计阶段，项目设计管理部应充分研究招标文件、合同文件，遵循国家有关的法律法规和强制性标准，结合项目自身特点制定满足合同约定的技术性能、质量标准和工程可实施性要求的设计标准。

设计标准的制定主要考虑以下几个方面：

①国家有关的法律法规和强制性标准及项目所在地新的法律法规要求；

②合同约定的技术性能、质量目标与要求；

③设计的可施工性，操作、维修和满足试运行的要求；

④新技术、新工艺、新材料、新设备的应用；

⑤项目的特殊要求；

⑥以往类似项目的经验与教训；

⑦企业的质量方针及目标管理要求。

（2）设计进度计划管理

设计计划应由设计经理负责组织编制，经工程总承包企业设计管理部门评审后，由项目经理批准实施。

设计进度计划先依据项目工期总策划并结合各专业之间的关系，制定设计总体实施进度计划；再在此基础上，制定年度计划，突出标志性节点工程的出图时间；最后根据年度计划，制定月度计划。项目设计管理部跟踪督促月度计划的落实，定期或不定期对设计进度进行检查，分析计划的执行情况，对实际设计进度和计划进度实时对比，符合进度预警条件的，应进行设计进度预警，及时进行合理调整，制定有效措施以确保设计计划的顺利完成。

（3）设计接口管理

项目本身是由许多专业和子系统构成的，在设计过程中，各专业和系统之间的接口需要相互配合，做到相互统一、协调一致。如何搞好这些协调和相互确认被称为设计接口的管理。设计接口管理主要包含以下几方面：

①设计各专业的接口管理：

以设计资料互提单和技术工作联系单等书面形式开展接口管理，所有接口协调资料应有编号、时间、要求和反馈情况等，确保接口协调内容得以落实。

②设计与采购的接口管理：

将采购纳入设计程序是总承包项目设计的重要特点之一，设计在设备材料采购过程中，提出请购单及询价技术文件，接收采购提交的设备、材料厂商资料，审查确认制造厂商的图纸，协助采购处理设备制造过程中发现的设计、技术问题，必要时参与设备、材料的检验工作。

③设计与施工的接口管理：

做好设计文件的可施工性分析，交付设计文件后，及时进行设计交底，在安装施工开始前组织召开产品设计、安装调试的交底协调会，指导施工。

做好施工配合工作，并负责施工配合过程中有关资料的收集、分析、整理与归档工作。

④设计与试运行的接口管理：

设计过程中，接收试运行提出的试运行要求，将其融入到设计文件中；试运行前，设计提交试运行操作原则和要求；试运行中，设计进行指导与服务，及时处理试运行过程中发现的有关设计问题。

（4）设计质量管理

设计质量是工程质量的源头，设计质量管理重点是对影响设计质量的因素进行有效控制，并坚持以质量为中心实施综合控制，实现持续改进。

制定符合 ISO9001 所述项目质量管理体系要求的设计质量管理办法，开展设计质量管理及考核。

加强设计前技术准备工作，提供准确的设计输入条件，以降低设计风险、提高设计质量和方案的针对性。对主要材料、设备、细部做法等尽可能统一标准，利于设计质量控制，便于统一采购和维修保养，也利于样板引路、全项目推广的施工组织管理。

开展科研课题研究，组织专家对项目重难点问题进行梳理、论证，对重大技术难题进行立项，选择科研院所，组织由科研院所、设计单位、项目部组成的科研小组，开展科研课题攻关。相关成果应用于设计和施工中，提升设计质量和技术水平。

（5）设计变更管理

执行发包方认定的变更程序、变更类别、变更方案审核，控制变更过程及变更费用的计量。

①加强变更管理的事前控制：

在变更发生前进行深入调查、充分论证，对优化设计变更，在满足规模、范围、标准不变的前提下，在能有效提高工艺质量、节约工期、减少投资、降低工程风险等情况下，在充分论证优化设计对接口影响的基础上决定是否采取变更。对被动的变更要对产生原因、可能造成影响进行分析。若决定变更则一次变更到位，避免“反复变更”。

②严格按程序申报变更：

根据发包方的变更管理办法及相关要求制定详细的变更设计申报审批流程，对必须实施的变更，严格按程序申报。

③加强变更实施的动态管理：

在变更实施过程中，建立变更设计台账，进行动态跟踪和管理，及时反映变更实施的最新动态和预期影响。

（6）设计交底与会审

①设计交底及会审的目的：

设计管理部组织设计向施工组提交设计交底的书面文件，对提交的施工图纸，进行系统的设计技术交底，说明设计意图与设计理念，提出施工注意事项。

通过图纸会审减少图纸中的差、错、漏、碰，将图纸中的质量隐患与问题消灭在施工之前，使设计施工图纸更符合施工现场的具体要求，避免返工浪费。设计交底与图纸会审是保证工程安全质量的重要环节。

②图纸会审流程管理：

设计单位完成施工图设计后，通过正式文件形式报送项目设计管理部，设计管理部将图纸下发相关职能部门、各供方等相关单位，并确定时间召开设计图纸交底与会审会。会上参建各方对图纸中一些错漏以及与现场施工冲突的地方进行指出，会议期间设计管理部做好会议签到并形成记录。对于会议上确定要修改的部分，由设计单位进行局部修改，并将修改成果报项目设计管理部审核。

（7）现场设计服务

施工现场设计服务，是指设计单位在施工图交付后至项目验收期间，配合现场施工处理涉及勘察设计的有关事宜，说明施工图设计意图并指导实施，解答和解决实施过程中的问题，参与重大施工方案和指导性施工组织方案研究，参加安全质量问题调查处理、工程验收等工作。

施工现场设计服务是设计工作的重要组成部分，设计管理部应督促设计单位建立及时研究解决项目施工现场重大设计问题和现场快速研究解决一般设计问题的工作机制，以弥补设计缺陷、完善和调整施工图设计、全过程履行设计责任和义务、提高设计及服务质量。

（8）设计收尾

设计经理及各专业负责人根据设计计划的要求，除应按合同要求提交设计文件外，还应完成关闭合同所需要的相关文件，包括：竣工图、设计变更文件、操作指导手册、修正后的核定估算、其他设计资料等。

设计经理应组织编写设计完工报告，将项目设计的经验与教训反馈给企业设计管理部门，便于后续项目进行持续改进。

2. 采购管理

项目采购管理是项目管理的重要组成部分，与项目建设全过程有着密切的联系，是项目建设的物质基础。根据国内外众多工程总承包项目合同价款内容的分析，设备及材料的费用约占项目总投资的50%以上，因此，加强设备材料的采购管理，对工程造价的控制起着至关重要的作用。

采购管理的主要内容包括：

（1）采购管控流程

采购管控过程涵盖了从规划采购管理，到选择分供方并授予合同，并监督合同执行、变更及合同关闭。采购管控的三个关键流程为采购管理策划、实施采购、分供方管理。

1）采购管理策划

①设立采购部：

项目部应在项目启动与策划阶段设立采购部，由采购经理负责，成员包括采买工程师、催交工程师、检验工程师、运输工程师、仓储管理工程师等。

②编制采购计划：

采购经理应在项目启动与策划阶段组织编制采购计划，经项目经理批准后实施。采购计划内容包括：项目采购计划编制依据；采购原则；采购的工程内容、范围、数量、质量标准、成本单元目标成本及预计采购成本；采用的合同类型与计价方式；招标文件编制分工表；采购工作日程计划表；采购质量和环保、安全控制的主要目标、要求和措施。

2）实施采购

①采购方式：

采购方式按实施主体分为企业采购、集中采购和零星采购；按定价方式分为招标采购、询议价竞争性谈判采购、单一来源直接议价采购。招标采购又分为：公开招标、邀请招标；按采购平台分为：线上采购和线下采购。

对于业主给出品牌范围、未指定单价的，由总承包项目部上报单价后按采购金额大小执行招标采购或询议价竞争性谈判采购。

单笔采购金额小于或等于5000元的零星物资或者其他只能以现款方式购买的零星物资、小型机具、低值易耗品等，由项目采购人员直接采购。

②实施预采购：

鉴于总承包项目部在前期营销、投标及概念设计阶段，项目本身尚未正式落地，具体方案没有出来，而工程总承包单位为了推进项目实施又需要从后期的分供方处获得相关的商务及技术支持，如与设计单位联合进行项目地质情况勘探、初步深化设计、工程量清单编制等，从材料设备供方处获得工程拟用材料设备的参数、性能及价格等，因此需要实行预采购。

a. 设计服务及专业分包预采购管控关键要点：在项目营销阶段，对设计服务及分供方实施预采购，要和潜在分供方锁定提供服务的范围、价格及报价有效期，确认前期服务哪些是属于免费的售前服务，保证项目成功启动后能按照前期确认的范围和价格实施。如果没有中标，也不存在争议纠纷。

b. 物资预采购管控关键要点：

及时沟通，确定技术参数：在项目招采初期，由于施工图尚未出图，项目物资的参数信息均未提供，项目设计管理部、建造管理部、技术部、设计单位之间应及时沟通，依据以往设计经验，开展参数核算工作，尽快确定技术参数并提供给采购部。

充分沟通，纳入设计管控：在预采购实施过程中，项目设计管理部与设计单位应始终保持充分沟通联系，确保所提供给采购部用于招采的参数数据能够纳入最终设计文件中，避免后期由于设计文件不一致导致办理变更，手续复杂，甚至引起成本增加。

周期管控，保障有效工期：通过实施预采购，中标供货商能够在设计联络阶段和出图前即可获得货物的具体参数和数量，提前排产供货，实现设备材料供货周期的可控，保障总体工期。

成本管控，实现降本增效：项目设计管理部与商务合约部门综合考虑，将采购和预采购相结合，预估设备材料的生产周期和运输供货能力，合理安排设备到场时间，提高生产效率，降低生产成本。

③实施招议标采购：

采购通常采用招标方式进行。特殊情况经发包方或企业批准后，也可采用议标方法。采购部应根据认可的采购类型和价值推荐有关投标单位的数量。采购部应结合法律法规、资格、当前合同授予情况及相关分供方的工作量为各个合同在企业《合格分供方名册》里挑选拟邀标单位。

④采购的基本程序：

编制采购计划；确定合格供应商；采购申请；询价及报价评审；召开供应商协调会及签订采购合同；催交、检验、运输；物资交接及收尾服务。

3）分供方的管理

基于长期的降低采购成本的理念出发，把对分供方的管理纳入项目采购管理的一个部分。通过长期的合作来获得可靠的货源供应和质量保证，在时间长期及批量购买上获得采购价格的优势，对降低项目采购中的成本，并提高采购效率有很大的好处。

①与分供方建立直接的战略伙伴关系：

双方本着“利益共享、风险共担”的原则，建立一种双赢的合作关系，在长期的合作中获得货源上的保障和成本上的优势。

②对分供方行为的绩效管理：

在项目的执行过程中，建立分供方绩效管理的信息系统，对分供方进行评级，建立量化的分供方行为绩效指标等，以绩效管理的结果评价分供方的优劣，衡量与分供方的后续合作，增大或减少供应份额、延长或缩短合作时间等，对分供方以激励和奖惩。保证优质及时的供货，从而有效提高工作效率，降低项目采购总成本。

（2）采购成本控制管理

在项目采购工作过程中，推行“适时、适地、适质、适量、适价”的“五适”采购原则，不仅保证了物资供应的及时、准确，对降低工程投资也起到了重要作用。

①适时采购就是采购人员根据项目采购计划，按时采购和到货，使物资供应进度与施工进度相匹配。避免到货太晚，引起赶工，增加工程施工费用；到货太早，引起资金过早投入，增加财务费用，造成物资积压，增加仓库储存、保管费用。

②适地采购就是进口设备的采购要合理利用各种外币，以达到降低费用的目的。国内设备材料在满足技术和质量要求的前提下，采购地点尽可能接近施工地点，节省设备材料的运输费用，方便厂家在施工和运行期间的技术服务。

③适质采购就是要求设备、材料相互间质量的适配性，性能、能力的合理性，杜绝质量、能力浪费。所采购的设备材料既满足设计和有关标准规范的要求，又不能采购明显高于设计要求的高标准材料，以保证项目成本最优化，提高采购效益。

④适量采购在合理的设计深度统计要采购的材料量，将材料裕量控制在恰当的范围内。将类似设备、材料的采购尽可能地合并在一个合同内，减少标包，降低项目采购成本，减少采购管理工作量。

⑤适价采购就是采购的价格要合理，而不是单纯的价格最低化，单纯的低价有时会导致合同执行不顺利，或供应商现场服务不到位。工程总承包企业要加强设备、材料价格信息收集和整理工作，提高费用估算的精度，运用综合评价方法对采购环节费用进行分解，以期在采购合同谈判中，有理、有据、有力地合理降低采购费用。

（3）现场仓库管理

在施工现场，设立现场采购库管组，负责现场设备、材料到货及分发管理和现场采购工作。现场材料库管组的职责范围为：接收材料、验收、短途运输、仓库盘点、材料计划和发放、消耗品、工具、机具的采购和租用、合同的单点联系。通过系统管理，使到货设备、材料及时发放到作业队手中，将设备、材料的接收和发放错误率降至最低，避免材料的重复订货，减少剩余库存量，减少人力投入，降低项目总投资，理顺各环节关系，对降本增效起到至关重要的作用。

（4）采购风险管理

采购风险管理是对工程采购活动中可能出现的意外事件提前进行识别、分析和评估，并制定相应的风险预防和处理措施，以减少对项目的伤害，以较为科学的风险管控措施使采购效果达到项目要求。

常见的采购风险主要包括质量风险、工期风险、商务风险、廉政风险以及其他风险。

3. 建造管理

建造阶段是工程总承包项目的现场实施阶段，是项目建设全过程中的重要阶段之一，建造管理包括从项目开始即着手建造问题的研究、规划和计划，建造阶段的管理，直至项目竣工验收。

建造管理主要包含以下内容：

（1）建造阶段准备工作

1）现场会议和报告

工程总承包项目应包含以下几种类型的会议和报告，对于小规模的项目，项目部可根据实际情况进行合并或精简会议与报告。

①专业分包启动会议：

专业分包启动会议由项目经理在专业分包中标后组织召开，介绍各方人员；概述合同管理、进度、质量、安全等方面的关键事项；对日常主要管理工作的要点以及要求专业分包提交的文件进行交底，明确进场初期需尽快完成的工作内容。

②定期会议：

定期会议主要包括设计评审会、每日施工生产协调会、周例会、月度安全质量专题会、各类专题协调会、月度成本分析会等。

设计评审会，审查、讨论图纸的合规性和可建造性；各类协调、例会、专题会，检查进度、安全质量落实情况及存在的问题，拟定整改措施；协调各专业分包能相互配合协同工作；月度成本分析会，分专业对所发生的成本情况进行汇报和分析，对项目整体商务情况进行汇报和分析，列出目前的重难点和需要解决的问题，讨论存在的风险及应对措施。

③定期报告

向企业提交的报告主要包括每日情况报告、项目经理月报、商务经理月报等，使企业分管领导及主管部门及时了解项目建设基本情况，进度、安全、质量、环境、成本等管理情况等。

项目相关施工方案：按方案审批要求，呈报监理和发包方。

呈报发包方报告：进度完成情况、月报等或按照发包方要求的其他报告。

进度付款申请报告：按照合同或发包方要求的格式和流程向发包方递交。

2）资源管理

项目经理、建造经理应确保工程所需的总承包项目部和专业分包的资源落实到位，并定期审核专业分包的工作计划、项目需求、工程变更、专业分包的资源状况等，来确保整个项目执行期间相关资源能够及时到位。

建造经理和建造工程师应确保项目公共资源的分配计划得到落实，定期审查专业分包公共资源需求，以确保在项目执行期间公共资源的高效运行。

因项目的临时性和人员的流动性，项目经理需考虑项目管理人员的人才备选方案。

3）相关方沟通联络

为推动现场工程的顺利开展，建造经理应定期召开联络会议，了解各相关方的意见与期望，协调解决相关问题。

建造经理应确保所有投诉能够得到及时合理处理，尽可能地避免工程延误。

建造经理应协助综合办以确保企业宣传部门能够及时了解现场施工活动情况，以便通过宣传活动提高项目的知名度和社会美誉度。

4）场地获取和占用

建造经理应依照合同中规定的场地移交计划，及时从政府或相关方接管场地，并在工程完工后及时归还。

（2）采购、制造和工厂测试

1）分包商/设备供应商考察

建造工程师审核专业分包所提交的设备供应商业绩工程计划、人员、设备、企业资质文件等，以确保所选择的分包商或设备供应商满足项目需求。如有必要，应安排现场考察，进行详细的评估。

2）工厂测试

建造工程师应明确监控机制，确保相关产品能经过测试和检验，并满足合同要求。如有必要，建造工程师需考虑安排第三方检验。对于特种行业专用产品，则须要通过监督部门的生产许可，如：相关的3C认证、形式检测报告、耐火极限试验等。

3）采购实施计划

建造工程师应确保专业分包及时提交采购管理实施计划，并按计划进行材料的订购、制造、测试和发货，避免对工程实施产生负面影响。

4）场外驻场监造

工程中使用的所有材料必须具有相应的合格证书。如有必要，建造工程师需要安排厂外制造设施的工厂监造，以验证生产和质量情况。

（3）接口协调

1）内部接口协调

①设计阶段接口管理：

设计经理负责领导设计阶段的接口管理工作，组织编制“接口需求规格书”，建造团队所有成员参与讨论，尽早发现问题或潜在的需要改进的地方，以确保负面影响最小化，潜在效益最大化。

②专业分包合同中标后的接口管理：

所有专业分包必须根据合同中各自的“接口需求规格书”，制定、提交“详细接口规格书”，并不断“渐进明晰”地持续滚动更新。建造工程师应负责定期审查，并定期组织召开接口协调会议，确保负责的接口管理工作不会对预定接口方案产生影响。

③建造阶段接口管理：

按照渐进明晰原则，建造经理应配合计划管理部对专业分包提交的阶段工作面移交计划进行有效沟通并提出审核意见，形成集成的工作面移交计划。计划重点描述下一时间段内工作面移交顺序、时间及对应作业条件，工作面移交需规避工序倒置，利于成品保护，经审批同意后实施。

2）外部接口协调

①与既有建筑、在建建筑接口管理：

在项目策划期间，建造经理需拟定一份初步接口清单，以说明与周边既有建筑、在建建筑之间的关联接口、潜在影响及可能存在危害，并与建筑权属人讨论评审达成共识，当接口清单发生变更、修改或补充时，应及时告知建筑权属人。

建造工程师依据初步接口清单，制定接口管理具体工作计划，明确各区域接口的施工和移交工作安排。随着工作的进展，项目经理应建立定期组织检查评估，由建造经理不断更新接口清单，持续评估其对公众、企业和专业分包的影响，用以明确如何开展工作。建造经理应制定风险控制和减缓方法，专业分包必须积极协助识别风险和降低风险。

②与市政设施接口管理：

对市政设施接口进行识别与评估，在设计图中反映相关信息，讨论确定是否要进行公用设施的迁移或改道，并制定计划。

成立市政设施协调小组，协调各市政设施公司、相关政府管理部门，并监控和管理项目影响区域的公用设施事务。

③与政府主管部门管理接口：

由于不同地区政府主管部门管理差异，项目部应收集地方政府相关文件，制度所辖区域政府部门管理要求清单，明确各政府各线条管理要求。

（4）工程监控和报告

1）专业分包的活动

专业分包应定期汇报进度，建造管理部应定期评审专业分包的绩效，重大偏差事项必须在定期报告中写明，同时采取必要的措施，以降低对项目的负面影响。

2）进度计划和工程进展

建造工程师和计划工程师应相互协作，定期审核和提前预判整体工程进度及资源状况，以确保专业分包的进度计划要求满足已批准的进度计划和里程碑计划；对可能影响施工进度的潜在问题进行评估，判断是否需要通过指令、变更等措施来避免工期延误。

3）建造阶段的风险评审

建造工程师必须审核专业分包提交的施工方案，确定是否存在施工阶段的缺陷和危害，提前解决相关问题。

整个项目执行期间，建造经理应组织编制风险清单台账，并经常更新并审核，降低潜在风险对质量安全、成本的影响，并规避工程延误。

4）成本控制及报告

建造工程师应组织设计管理工程师、合约工程师和专业分包，召开针对专业分包设计方案的价值工程分析会，确保设计方案有利于工程整体的成本节约，实现价值最大化。

建造经理/商务经理需要定期监控所有的成本，特别是与潜在风险相关的成本，以便结合工程进度及时做出成本更新并报告。商务经理必须安排召开月度成本会议，以监督和控制成本，并确保各管理层能够及时了解相关信息。

5）施工安全及环境

建造管理部成员和专业分包的团队人员需要紧密开展合作，持续改进安全措施，降低安全隐患对工程进度、成本和人员所产生的影响；安全监督部应建立安全巡检和综合检查制度，及时发现和解决安全问题。

环境管理工程师必须巡检施工现场、以降低施工活动对环境的不利影响。项目经理应定期组织环境检查，召开环境会议，以确保现场施工活动满足相关法规和环保许可的要求。

建造工程师应审核现场使用的材料和施工方法，使用绿色环保的施工材料和方法，最大限度地节约资源与减少对环境负面影响，实现四节一环保。

（5）现场施工和安装

①现场建造团队应确保现场施工和安装过程中材料和工艺符合标准，尤其是过程检查验收和缺陷整改。

②检查申请：

在专业分包进场后，建造工程师应督促其及时提交过程验收、检验试验计划，并及时更新，使其与现场进度一致。

专业分包应根据标准的过程验收、检验试验报验单和确定的报验流程提出报验申请，建造工程师建立报验台账，来控制和监督报验过程。

③现场施工检验：

建造工程师和质检团队必须和专业分包保持紧密合作，以确保在必要的时候进行重要活动的检验或见证。质检员必须保留专业分包报验单申请登记台账检查结果，并定期通报，落实整改，整改内容对现场的影响较大时，需要重新报验。

除正式检验外，现场建造团队的所有成员必须定期开展现场巡查，以便和专业分包一起尽早发现并解决问题，应重点监控施工过程中的安全、质量隐患以及不规范的管理行为。

④现场监督与记录：

现场监督主要的工作内容包括：施工作业面；工程的总体进度；综合管理；安全管理。

现场监督工作的重点包括：专业分包首次作业的分部分项工程；专业分包在以往施工中被发现有较差表现的行为；可能被专业分包索赔的相关工作内容；涉及安全的高风险施工作业；非常规施工作业。

建造工程师应定期拍摄同一地点的记录照片，以记录工程的形象进度。

建造工程师应每天进行施工日志记录，记录每天的现场工作情况。

⑤试验室和材料送检：

材料的见证取样和检测报告，必须与工程进度同步。

专业分包提交的检测试验方案，必须获得总承包项目部的批准。建造经理必须指定人员进行过程监控，以确保所有材料的取样、标记现场存储、运输和检验试验受控，并在合格的实验室中进行检测。

（6）专业工程测试与调试

专业工程测试与调试的目的是确保建筑物各机电系统的工作处于最佳状态，满足发包方的使用要求。首先在系统调试过程中，检查施工缺陷，测定机电设备各项参数是否符合设计要求，并在测定设备的性能后对其进行调整，以便改善由于设备之间的相互不均衡导致的问题，确保为发包方提供良好舒适的使用环境；其次在系统调试的过程中积累总结系统设备材料的相关数据，为今后的系统运行及保修提供可指导性的资料。

专业工程测试与调试的关键流程包括：明确设计需求、检测与调试的策划、检测与调试的启动、系统测试与调试、系统间检测与调试、测试运行、批准“最终测试报告”、专项验收、移交、试运行以及监控与报告、检验/见证和不符合项的管理、检测与调试文件、记录等综合管理。

（7）专项验收

建造工程师必须确保专业分包准备并执行专项验收计划，已满足消防、卫生、规划等专项验收。

（8）完工和移交

建造工程师必须确保在适当的时候，确定完工和移交程序，以确保及时、有效地向发包方移交工程。

完工移交的关键流程包括：管理合同收尾、项目相关方的满意度调查、实施绩效考核和总结经验教训、总承包项目管理部收尾。总承包项目部应确保项目交付成果通过相关验收并高效地移交；项目的经验教训得到总结、记录、归档；项目的资源及时释放，并可投入新的项目。

4. 合同管理

工程总承包合同的责任主体是工程总承包企业。合同履行的结果直接影响工程总承包企业的信誉、市场和经济利益等。工程总承包企业的合同管理部门应负责项目合同的订立，对合同的履行进行监督，并负责合同的补充、修改和变更、终止或结束等有关事宜的协调与处理。按照时间顺序划分，工程总承包的合同管理，可以分为合同签订前和合同实施过程中这两个阶段的工作，其内容应包括工程总承包合同管理和分包合同管理。

（1）工程总承包合同管理

是指对合同订立并生效后所进行的履行、变更、违约、索赔、争议处理、终止或结束的全部活动的管理。

工程总承包合同管理的主要内容有：

①接收合同文本并检查、确认其构成的完整性和有效性，合同的签署是否符合要求。

②组织熟悉和研究合同文件，是项目经理在项目初始阶段的一项重要工作，是依法履约的基础。其目的是澄清和明确合同的全面要求并将其纳入项目实施过程中，避免潜在未满足项目发包人要求的风险。

③确定项目合同控制目标，制定项目的管理控制目标（包括阶段性控制目标和最终控制目标），并系统管理控制目标，制定实施计划和保证管理控制目标实现的对应措施。

④在项目实施过程中对实施计划执行情况跟踪检查，并对执行过程中出现的偏差问题，进行分析和纠正，使项目可测量结果不偏离合同约定的要求，防止因合同违规而造成不良后果。

⑤对项目合同变更进行管理，依据合同约定的变更程序，提交变更申请，完成变更手续，变更结果由项目组织实施。

⑥对合同履行中发生的违约、索赔和争议处理等事宜进行处理。

⑦对合同文件，包括有关的协议、补充合同记录、备忘录、函件、电报等做好系统分类，认真管理。

⑧进行合同收尾，包括项目验收和移交、价款结算和争议解决等。

（2）分包合同管理

是指对分包项目的招标、评标、谈判、合同订立，以及生效后的履行、变更、违约、索赔、争议处理、终止或结束的全部活动的管理。

分包合同管理的主要内容有：

①根据分包类别和分包的工作特点、要求，明确各类分包和管理职责。分包合同的管理职责要与工程总承包合同管理职责协调一致。

②分包招标的准备和实施，包括资源准备：人力资源、费用、工作环境和条件等，招标文件的拟定：合同条件、技术要求和商务报价要求等，资格审查：对分包投标人进行资格预审或考察核实，其他准备：法律、金融、保险、通信和保密要求等方面的准备。

③分包合同签订。

④对分包合同实施监控，监督项目分包人完成分包合同约定的目标和任务，符合和满足工程总承包合同的要求。

⑤分包合同变更、争议、索赔处理。所有分包合同的变更、争议和索赔处理，除按照分包合同中约定的程序和要求执行外，还要考虑是否与工程总承包合同相关。若与之相关，则分包合同的变更、争议和索赔处理要连同工程总承包合同的变更、争议和索赔处理综合考虑。

⑥对分包合同文件，包括有关的协议、补充合同记录、备忘录、函件、电报等做好系统分类，认真管理。

⑦进行分包合同收尾，与工程总承包合同收尾工作保持一致。

5. 资金管理

对工程总承包项目建设资金的有效控制和管理，可以防范资金风险、确保资金安全、提高建设资金的使用效率和效益。

资金管理的基本原则是：依法管理、归口管理、满足建设项目需要、专款专用、效益原则（包括二次效益）。

资金管理的主要内容包括：

（1）资金管理目标和计划

项目资金管理目标一般包括：项目资金筹措目标（在项目前期或各分阶段前提出用于支持项目启动和运作的资金数额）、资金收入管理目标（将可收入的工程预付款、进度款、分期和最终结算、保留金回收以及其他收入款项，分阶段明确回收目标）、资金支出管理目标（项目实施过程中由项目承包人支付的各项费用所形成的计划支付目标）。

项目资金管理计划主要包括项目资金流动计划（包括资金使用计划和资金收入计划）和财务用款计划，由项目财务管理人员根据项目进度计划、费用计划、合同价款及支付条件编制。

（2）资金运用与拨付

依据建设工程施工、物资设备采购、监理、咨询、设计等合同文件，和经审核批准的验工计价文件，按照合同约定进行工程款拨付。

项目部要按照资金使用计划控制资金使用，节约开支，按照会计制度规定设立资金台账，记录项目资金收支情况，实现财务核算和盈亏盘点。

（3）工程款结算

对已完工程及时申报期中结算；在全部工程竣工并验收后，及时申报最终结算；对确认有缺陷的部分工程，在缺陷修补和验收后再进行结算。

（4）资金风险管理

项目部对项目资金的收入和支出进行合理预测，对各种影响因素评估，调整项目管理行为，尽可能地避免资金风险。

项目部财务管理人员，要坚持做好项目资金收入和支出的统计对比、找出差异、分析原因、制定措施并进行预测和预报工作，以提高资金使用效率和降低资金使用成本。

项目经理、财务经理和资金管理人员按照职责范围要求，做好项目资金的跟踪、分析和预测，采取应对措施和监控协调等管理工作。

工程总承包企业通过项目财务管理系统，对所有项目资金管理计划实施情况进行监督和协调。

（5）项目财务报表

项目部根据工程总承包企业财务制度，定期将各项财务收支的实际数额与计划数额进行比较和分析，提出改进措施，提交项目财务有关报表和收支报告。

（6）项目成本和经济效益分析报告

项目竣工后，按照工程总承包企业规定和要求，项目财务经理组织进行项目成本核算，完成项目成本和经济效益分析报告，上报企业相关职能部门。

6. 进度管理

工程总承包项目能否按期完工交付使用，直接关系到其经济效益的发挥。因此，对工程总承包项目的进度进行有效的管理，使其达到预期的目标，是项目管理的中心任务之一。进度管理主要是通过进度计划编制、实施和控制来达到项目的进度要求，满足项目的时间约束。

进度管理的主要内容包括：

（1）进度管理目标和任务

工程总承包项目进度管理的总目标是：确保按合同工期完成工程，按期通过竣工验收、移交。

①编制“项目节点控制计划”“项目节点控制计划说明”及“项目总进度计划”，以满足工程总承包项目进度管理需求。

②编制工程总承包项目的设计、采购、施工、安装和调试等关键接口计划，并在分包合同中增加适当的控制措施。

③为设计及专业分包编制进度计划，确定关键线路和里程碑，明确工作界面和竣工责任，以便于管控。

④建立协调机制，统筹规划所有项目参与方，确保有效协调各阶段作业需求。

⑤建立进度监控和报告体系，有效地控制项目整体进度。

⑥定期编制项目关键进度指标报告，便于各级决策。

⑦根据业主或企业的要求，编制应急预案，执行进度纠偏。

⑧识别和评估会导致进度严重滞后的风险，项目部和企业主管部门共同评估其影响。

⑨定期进行工期进度延误分析，编写风险延误报告，以支撑合同索赔及合同问题解决。

⑩定期进行工期进度管理审核，以确保符合相关要求。

（2）制定进度管理方案

计划经理应在项目启动阶段编制“进度管理方案”，描述将如何规划和执行项目进度管理，该方案应识别专业分包过程产品交付顺序，建立专业分包进度管理标准、并为项目经理提供用以识别进度风险和化解风险的机制，为整个项目进度管理提供指引和方向。

进度管理方案一般应包括下列内容：

①项目进度管理的目标，包括项目范围、项目节点控制计划。

②制定进度管理方案，包括建立进度模型、确定进度编制规则及制定进度管理方案。

③进度监控管理计划，包括项目进度核查、进度偏差分析、工期预警与纠偏以及进度调整等管理计划。

④进度考核管理计划，包括对总承包项目部、作业队伍进度考核的管理计划。

（3）进度计划制定

为了适应项目不同管理层对项目进度计划管理的不同要求，在编制进度计划时，需要对项目进度计划进行分级。根据业主对进度的要求，按照工作内容，由粗到细地把进度计划进行分级，一般情况下，工程总承包项目可以分为以下三级：

一级计划：里程碑计划。

项目管理级计划，用于控制项目总体进度。包含项目开工、完工时间，设计开始、完成时间，采购开始、完成时间，施工开始、完成时间，试运行开始、完成时间，验收、交付时间，以及过程中重要节点的进度时间，是编制二级计划的基础和依据。主要由项目高层管理者监督和执行，无特殊情况，不得修改。

二级计划：项目总进度计划。

项目控制级计划，用以控制工程设计、采购、施工和试运行过程中的主要控制点。由项目的中层管理人员负责监督和控制，并定期根据项目的执行情况进行更新。

三级计划：项目实施进度计划。

该计划又称操作层计划，它是对二级计划的进一步细化，是项目计划管理较低的一级。这层计划应该达到可以实施的程度，标明了工程建设的所有重要内容。其一般是由项目操作层负责监督和控制。项目实施者应经常在项目实施过程中将此计划与实际情况进行对照，针对不同程度、不同性质的进度偏差进行分析，并采取措施，保证总进度计划的实现。

（4）进度计划监控

1）现场监控与协调

设计管理部负责对设计的进度计划完成情况进行跟踪和监控，并做好实际进度数据的收集和记录。

建造管理部对所负责的专业分包每周进行现场工程进度检查，对重要节点和关键部位、资源投入情况进行全面核查，并做好进度实际数据的收集和记录。

建造管理部负责建造阶段公共资源的使用安排（如：大型施工设备的调度、协调及总平面管理等）以及现场分包协调工作。

在项目设计和建造阶段，项目计划管理部应审核专业作业队伍所提交的与进度计划相关的文件，并更新项目实施进度计划和项目总进度计划。

2）会议与报告

建造经理负责主持周例会、月度会等相关会议。

建造管理部督促专业分包在会议前提交周报、月度综合报告等相关报告。建造经理负责审阅专业分包的报告,特别是进度相关事宜（如进度 KPI 的使用），确保报告信息符合实际以便于项目其他部门获取信息。

计划管理部负责项目总体报告中进度相关内容（如：进度 KPI 的使用）的编制，项目建造经理和技术负责人负责审查，项目经理负责审批。

3）建立进度计划关键绩效指标

进度计划关键绩效指标是指使用红、黄、蓝色来展示项目进度的健康程度，以便对进度延误提前预警，延误达 10 天的进行蓝色预警、延误 10 ～ 30 天的进黄色预警、延误 30 天以上的进行红色预警。企业工程管理部应建立进度计划关键绩效指标，并将其纳入项目合同级的各类报告中。

4）进度风险定量分析

在施工图设计阶段，项目最初的进度风险分析应由企业工程管理部负责，用于支持项目实施进度计划。

在建造阶段，总承包项目部成员应至少每六个月进行一次定期进度风险分析的评估，以确保满足项目节点工期的要求，并集中采取适当的风险管理和风险缓解措施。

5）延误评估

项目计划管理部应定期进行进度延误分析，出具风险延误报告，详细说明产生延误的原因及延误时长，作为对专业分包工期索赔的证据。

（5）进度计划的调整

①当识别到专业分包节点控制计划关键任务有延误风险时，计划管理部应进行工期预警，要求专业分包在后续制定月 / 周计划时考虑延误补救措施，建造管理部负责监控延误补救措施的执行情况，直到延误风险被规避。

②建造经理发现项目实施进度计划中关键节点发生延误且无法补救时，应在取得项目经理同意后，及时通知计划经理。由计划经理牵头调整项目实施进

度计划，确保其中关键节点不延误。

③计划经理发现已批准的里程碑计划中关键节点发生延误且无法补救时，应在取得企业主管领导和业主同意后调整里程碑计划。

④除工期延误，也可能因业主要求、企业需求等原因而进行进度计划的调整，进度计划的调整应综合分析工期延误责任和费用增加情况。

（6）总结和持续改进

①企业建立进度计划知识库，包括已完工和在建项目的实际进度数据，帮助项目分析并提高项目进度计划的编制质量。

②项目计划管理部在建造经理的协助下收集所有的实际进度数据，并提供给企业负责计划管理的人员。

7. 成本管理

成本管理贯穿于工程总承包项目设计、采购、施工各个环节，是提升项目效益的有效途径。项目成本管理应遵循以下基本原则：坚持价本分离、目标责任的原则；坚持全过程管理、过程精细化的原则；坚持动态管理、持续改进的原则。

成本管理的主要内容包括：

（1）成本预测

在项目启动后的各个阶段，商务经理应指派合约工程师负责根据项目设计文件、技术资料等阶段性成果，应用相应的估算方法，对项目中不考虑风险因素和其他不可预见工作的情况完成各个组件与活动的成本估算。在各个组件或活动成本估算的基础上，考虑并计算应对已识别风险需要增加的风险储备金，得到工作包成本估算，由各工作包成本估算基础上，考虑并计算应对已识别的风险储备金得到项目目标成本。汇总所有组件和活动的目标成本形成项目总目标成本。在项目总目标成本的基础上增加管理储备金，得到项目成本预算。

（2）成本控制

1）设计阶段成本控制

按照项目施工的总体目标及里程碑进度要求，制定施工图设计出图计划，保证项目施工“有图可依”“设计施工同步结合”的协调局面，避免因施工图延误出现待图停工或边设计、边施工等不良现象，从而造成工程费用浪费、成本增加。

加强施工图设计阶段质量管理，确保质量保证、工艺先进、施工经济，避免出现重大技术失误和废弃工程，避免不必要的工程损失。

强化施工图管理向施工现场延伸，定期不定期召开设计管理专题会，研究施工图与施工衔接、实施情况，推进施工方案优化。

2）采购阶段的成本控制

准确计算各种设备材料数量，严格按计划采购，认真做好点收和发放的台账管理工作，全力减少不合理库存，同时，科学组织设备材料进场，减少材料二次倒运，杜绝质量不合格产品入场，避免返工损失。

强化工程设备材料管理，严格按照物资储存的有关规定和要求，扎实做好物资的存放工作，避免造成材料的破损、丢失或失效。同时在物资运输和装卸过程中积极采取有效措施以降低材料损耗。

3）建造阶段成本控制

编制科学合理的施工组织设计，指导全过程建造。科学安排，认真组织工序间的衔接，合理安排劳动力，并在建造过程中根据实际情况不断优化施工方案，改进施工工艺，对重点工程施工方案进行经济比选，降低工程造价。

成立重点、难点工程项目攻关组，以提高施工措施的针对性和有效性，防范并减少施工风险，降低施工成本。

严格执行ISO9001标准，加强现场质量目标管理。积极开展QC小组活动，对工程中施工工艺复杂、干扰因素多、成本支出大或不好控制的关键施工工序，进行质量与成本控制攻关，以达到保证质量、杜绝返工和控制成本的目标。同时严格执行各项安全生产管理规定和制度，消除安全事故，杜绝因安全问题造成的经济损失。

加强水文、气象信息管理，做好前瞻性防护工作，避免因气象原因造成不必要的工期和经济损失。

做好技术交底，按图纸和规范施工，按验收标准控制质量，避免因工程质量瑕疵造成的不必要返工而增加项目成本。

（3）成本核算

工程成本核算是利用会计核算体系，对项目施工过程中所发生的各种消耗进行记录、分类，并采用适当的成本计算方法，计算出各个成本核算对象的总成本和单位成本的过程。它包括两个基本环节：一是按照规定的成本开支范围对工程费用进行归集，计算出工程费用的实际发生额；二是根据成本核算对象，采用适当的方法，计算出该工程项目的总成本和单位成本。工程成本核算是工程成本管理最基础的工作，它所提供的各种成本信息，是成本预测、成本控制和成本分析等各个环节的依据。在现代工程成本管理中，成本核算既是对工程项目所发生耗费进行如实反映的过程，也是对各种耗费的发生进行监督的过程。

（4）成本分析

总承包项目部应定期或按节点进行成本核算并编制项目成本分析报告，召开项目经济活动分析会，通过总承包项目合同收入、目标成本和实际成本的对比分析和项目经济活动分析，总结当期成本控制策划实施、目标管理及合同监控要素的实施经验，查找项目管理的不足，确定改进措施或方案。

8. 质量管理

质量是企业的生存之本，是企业的生命，项目的质量问题直接影响到企业的生存和发展。工程总承包企业要建立覆盖设计、采购、施工和试运行全过程的质量管理体系，使项目质量管理自始至终贯穿于项目全过程的管理，按照策划、实施、检查、处置的循环过程对项目进行控制。

质量管理的主要内容包括：

（1）质量计划

项目质量计划是根据项目的特点、合同和发包人的要求，编制的质量措施、资源和活动顺序的项目管理文件。明确项目应达到的质量标准以及达到这些质量标准所必需的作业过程、工作计划和资源安排，使项目满足质量要求，并以此作为质量监督的依据。

①明确质量管理目标：工程质量等级为合格，工程质量及质量管理满足招标文件中相关的质量标准及规范要求、达到企业创优目标。

②以质量目标为基础，根据项目的工作范围和质量要求，确定项目的组织结构以及在项目的不同阶段各部门的职责、权限、工作程序、规范标准和资源的具体分配。

（2）质量控制

1）设计阶段质量控制

①设计阶段的质量控制原则：

设计方案技术先进、可行性原则；工程费用经济合理性原则；坚持绿色、节能、环保原则。

②设计阶段的质量管理要点：

贯彻落实国家法律、法规，遵守科学的工作程序，确保设计文件合规；

优选方案、优化设计，确保工程结构的安全性、适用性和耐久性。

③设计阶段的质量控制方法：

狠抓各项制度落实，推行标准化设计、加强过程管理，提高设计文件质量；

采取多方案比较法，确定最优方案；

跟踪设计，审核制度化；

协调各相关方关系，做好各专业接口设计；

加强对设计单位的巡查和考评，促进设计质量提高；

秉承“设计为施工服务”的理念，加强施工配合，优化设计，协调解决现场存在的问题，提高设计质量。

2）采购阶段质量控制

①采购阶段的质量控制原则：

坚持质量最优原则；坚持“进场必检，使用必合格”的原则；坚持采购与工期目标匹配原则。

②采购阶段的质量管理要点：

执行招标采购制度，优选供应商，做好加工过程监控，确保质量满足要求；

执行进场验收制度和场内运输、储存管理办法，确保进场材料和设备质量。

③采购阶段的质量控制方法：

实行采购招标及申报备案制度。

除发包人供应的材料和设备外，项目部自行采购的物资和设备采用招标的形式优选供应商，并将相关质量支持性文件报发包人备案。

重要的材料和设备加工驻厂进行过程监督，监督供应商质量管理及保证体系的运行情况及质量标准的执行情况，参与设备及材料出厂前的试验与检验，监督包装、运输的质量保证措施和实施情况。

完善检验验收制度，根据工程设计要求、技术标准和合同要求，严格对所采购的材料、设备进行进货检验，并按规范要求的批量进行复检，确保进场材料和设备合格。

严格按照设备和材料的运输保管方案做好进场物资和设备的场内运输和保管，避免人为损坏或质量标准降低。

3）施工阶段质量控制

①施工阶段质量控制原则：

坚持“质量第一”的原则；坚持“以人为控制核心，预防为主”的控制原则；贯彻执行每道工序必检，严格执行“三检”制度；执行质量“项目负责人是工程质量第一责任人，施工操作人员是直接责任人”的原则。

②施工阶段质量管理要点：

执行和落实施工质量管理制度、质量计划等与质量管理和控制相关规定和章程；

执行和落实设计要求和现行的施工规范，确保工程实体质量满足设计和现行规范的要求。

③施工阶段质量控制方法：

加强施工技术管理，强化施工技术交底制度，做好现场技术指导；

加强工序质量监控，完善过程控制，严格例行检查；

配足、配齐试验检测人员和设备，做好工程质量的试验和检测工作；

加强施工测量、量测和监测管理，保证测量和监控量测工作的正确性；

制定作业指导书，做好关键和特殊过程质量控制；

做好施工内业资料，完善质量记录。

4）试运行阶段质量控制

①试运行阶段质量控制原则：

以顾客为中心，积极主动配合试运行；信守合同，履行职责，以顾客满意为宗旨。

②试运行阶段质量管理要点：

与运营单位建立联动机制，主动对试运行过程中发生的质量问题进行整治；

及时整改在质量保修期间发生的缺陷，满足发包人要求。

③试运行阶段质量控制方法：

项目部成立质量保修领导小组，负责工程保修的领导、协调、指导工作，随时执行发包人的指令；分包方预留管理和施工作业人员，组建保修队，在质量保修领导小组的统一领导下实施现场质量缺陷处理。

一般质量缺陷处理。发包人发出保修通知后，质量保修领导小组立即组织人员现场核查情况，分析质量缺陷，制定整治方法，开展缺陷处理，做好过程控制；

对于涉及结构安全或严重影响使用功能的质量问题，组织专家进入现场分析质量问题，由设计单位提出保修方案，经相关方确认后，立即组织维修；

对于涉及结构安全或严重影响使用功能的紧急事故情况，项目指挥部立即启动"防灾紧急应变方案"，应急抢险队现场抢险。

（3）质量保证

1）工程质量责任制及责任追究制

根据《建设工程质量管理条例》等有关质量法律法规，本着"百年大计、质量第一"和"一切为用户服务，对用户负责"的质量管理指导思想，建立从项目部→分包方→作业班组，从主要责任人→管理人员→作业人员的纵向到底、横向到边的覆盖各职能部门和岗位的全员质量责任制体系，实行工程质量终身负责制和责任追究制，通过有效措施将质量责任层层分解和落实。质量事故处理坚持"四不放过"原则，质量事故处理按合同要求、发包人的相关管理规定、国家和相关部门的有关规定执行。

2）施工交底制度

交底包括技术交底和作业交底。

技术交底包括设计交底（图纸交底）施工组织设计交底、方案（分部、分项、专项方案）交底。技术交底分为两级，一级交底为设计交底（图纸交底）、施工组织设计交底、方案（分部、分项、专项方案）交底，项目总工程师或方案编制人向责任工程师交底；二级交底为责任工程师向相应的分包方现场负责人及班组长交底。

作业交底是指在施工过程中，各分项工程（关键工序）每次作业前，由现场工程师主持，分包方负责人或施工班组长根据二级技术交底的要求对全体班组成员进行交底，交底内容包括本次作业工作内容、质量标准和安全注意事项。

未经施工交底，相应的工程施工禁止实施，违者给予处罚。

3）工程样板管理制度

项目执行样板工序管理，坚持样板引路原则，总结施工工艺，指导规模生产。关键工序样板需经发包人、监理、设计单位、项目指挥部及政府质量监督部门五方检查、验收合格后才能进行后续施工；且后续施工质量标准必须严格参照样板要求。

4）工程质量旁站监督制度

项目部配备质量专职管理人员，对工程的特殊过程、关键工序和关键部位的全过程，实行旁站监督，确保工程质量始终处于受控状态。旁站监督做到严格执法，并做好监督记录，对所监督的施工质量负责。

5）隐蔽工程检查和签证制度

工程在隐蔽前进行质量检查，经项目部作业人员自检，项目部专职质量管理人员复检合格后，如实填好隐蔽工程检查记录，并备齐有关附件资料，及时报监理验收，经监理验收合格，给予签证认可后方可进入下道工序。

6）成品、半成品保护制度

在施工过程中，根据保护产品的特点，分别采取“防护”“包裹”“覆盖”“封闭”等保护措施，以及合理安排施工顺序等来达到保护成品的目的。

7）不合格产品控制制度

严格控制不合格品的出现，严格控制施工操作过程中的不当和失误。一旦出现不合格品，视其损失及严重程度，组织评审和处置，从而确保产品合格。

8）质量问题消项、分析例会制度

为了有效推进施工质量问题的消除和质量的提高，项目部组织召开定期、不定期的质量专题会，分析施工中出现的质量问题以及产生的原因，并制定出相应的预防、纠正措施，杜绝质量问题重复出现。

9）工程质量奖罚制度

为加强项目管理，确保工程质量，项目部建立有效的激励约束机制和绩效考核制度，按季度、年度开展劳动竞赛，进行综合考评，并制定相应奖惩措施，其中质量状况作为重要考评要素之一，实行质量事故一票否决制，以充分调动各分包方的积极性，强化施工质量过程控制。

10）质量事故申报制度

建立质量事故申报制度，确保事故能够得到及时处理。施工过程中发现质量问题，分包方及时上报项目部及监理单位，并组织有关人员分析原因和研究整改方案，在监理的监督下进行整改方案的落实。

（4）质量改进

发生质量问题后，项目部应要求相关作业人员立即停止施工，同时应在不合格处设置明显的不合格标识，以防止在处置前转入下道工序。

对于质量问题，项目部要组织对不合格过程或产品进行评审，以决定处置方式（返工、返修降级、让步接收）。项目部应向责任单位发出整改指令或书面的整改通知并按时进行复查。对于需要制定纠正措施的，项目部要制定纠正措施，组织实施，并由问题提出单位对纠正措施的有效性进行验证，质量事故均要制定纠正措施。

项目部要建立不合格过程或产品台账和质量损失台账，并将处理意见和预防措施定期报企业主管部门。

对于“三不问题质量行为”（即使用不合格建筑材料、不按工程设计图纸或技术标准施工、将不合格工程按合格工程验收），公司和项目层级制定专门的整治实施方案，持续开展专项整治行动，遏制“三不问题质量行为”的发生。

项目依据企业要求和项目实际情况制定实测实量计划，明确检测部位、检测责任人。实测实量结束后，及时进行实测数据的统计分析，找出现场管理和技能上的不足，做到持续改进。

9. 安全管理

《建设工程安全生产管理条例》（国务院令第393号）规定建设工程实行施工总承包的，由总承包单位对施工现场的安全生产负总责。总承包单位应当自行完成建设工程主体结构的施工。总承包单位依法将建设工程分包给其他单位的，分包合同中应当明确各自的安全生产方面的权利、义务。总承包单位和分包单位对分包工程的安全生产承担连带责任。分包单位应当服从总承包单位的安全生产管理，分包单位不服从管理导致生产安全事故的，由分包单位承担主要责任。工程总承包单位有权利和义务做好施工现场的安全管理工作，做到进度、质量、费用和安全得到有效的控制，才是工程总承包的最终目标。

安全管理的主要内容包括：

（1）建立健全安全管理的组织机构和体系

总承包项目部应从组建开始就成立以项目经理为核心的安全生产组织机构，以安全负责人为主的安全工作小组，并且把分包单位的安全管理纳入总承包项目一体化管理体系当中，并把分包单位的安全体系建设作为开工的先决条件，没有健全的安全管控体系，不允许开工，并承担导致的工期延误后果。

（2）落实安全生产责任制

以制度的形式明确各领导、部门、员工在项目中具有的安全生产职责。严格执行安全生产责任制，严格执行安全检查制度。做好总承包单位和分包单位的协同安全生产管理，贯彻“安全第一，预防为主”的方针，认真落实安全生产责任制。

（3）落实危险源辨识与风险评价工作

开工初期，总承包单位要组织各分包单位开展风险评估工作，共同参与整个项目生产过程中的危险源辨识和风险评价工作，及时编制危险源清单和应对措施，督促各分包单位家加强过程管控并监督落实。

（4）加强安全教育与培训

工程总承包要始终把职工安全教育摆在了首位，对工程总承包的人员进行安全培训，举办安全知识学习班；将专职安全工程师送有关单位进行专门培训，取得资格证书。包括分包单位内的所有施工人员，必须经过公司、项目部、施工现场三级安全教育，才能进入施工现场进行工作；对特殊工种的上岗操作证进行严格审查，不符合规定者，严禁上岗。同时，在施工现场充分利用各种会议、简报、宣传标语、安全讲话、现场会等形式，开展经常性的安全教育和宣传活动，以提高全体员工的安全意识。

（5）强化总承包单位应急处置能力

总承包单位应根据制度连同各分包单位建立应急管理体系，完善应急物资储备，制定有针对性的应急演练制度和预案，按照计划定期开展演练，演练结束后，由总承包单位组织开展演练总结，及时修订应急预案，总结并公示成果，切实加强总包单位和各分包单位的应急处置能力。

（6）加强总承包对项目安全管理考核

落实总承包安全管理总抓总管的职责，运用行政、经济手段等措施，严格按照奖罚制度进行考核。对违反安全生产法律法规、制度的行为进行处罚，对认真履行安全生产责任，及时发现重大事故隐患，避免重特大事故的行为进行奖励。督促分包单位严格落实安全生产职责，遵守规章制度，保障员工人身财产健康不受损失。

10. 协调管理

项目协调管理的目的是规范工程总承包项目的协调工作，明确协调的范围、内容、方式及程序，提高项目的协调效率和水平，排除施工中遇到的各种障碍，解决项目内部及与其他外部单位的各种矛盾和争端，保障项目管理目标实现。

项目协调的范围可分为内部协调及外部协调，项目内部的协调，包括总承包项目部各部门之间，总承包项目部与各专业分包项目部之间，各专业分包项目部之间的协调，外部协调指项目部与外部各相关方之间的协调，包括项目部与建设单位、监理单位、第三方监测单位之间，项目部与各级政府主管部门之间，项目部与供应商之间的协调。

项目协调可分为5类，分别为人际关系的协调、组织关系的协调、供求关系的协调、配合关系的协调、约束关系的协调。

项目协调可分为3个层级,分别为专业项目部级、总承包项目部及分公司级、企业级，各专业项目部的协调问题首先在本级解决，如协调出现问题，可上报至总承包项目部或上级公司，经总承包项目部或上级公司仍无法解决，可将问题反馈至上级企业，由企业负责部门协调解决。对于“三重一大”问题，必须经过集体讨论做出决定。在协调过程中，注意避免出现管理“责任环”，防止项目组织成员出现责任推诿。

项目协调的主要方式有行政组织协调、制度协调、合同协调、会议协调等。

项目的协调分项目初始阶段、项目实施阶段、项目试运行、验收及收尾阶段。各阶段协调内容如下:

项目初始阶段协调内容主要为制定项目的各种规章制度，操作程序，专业分包招标，重要设备招标，开工准备工作等，项目实施阶段协调内容包括项目部与各外部单位之间的外部接口协调，设计与施工、采购各专业之间的协调，各专业分包项目部之间的物理接口、空间接口、功能接口的协调。

11. 试运行管理

试运行工作是项目建设全部按设计文件规定的内容建成，并符合设计要求、施工及验收规范的规定，经竣工试验合格，发包方签署了工程移交证书（或办理了工程中间交接）后，即可按照试运行统筹计划进行试运行。

试运行管理的主要内容包括:

（1）试运行管理计划

在项目初始阶段，试运行经理根据合同和项目计划，组织编制试运行管理计划，经项目经理批准、项目发包人确认后组织实施。

试运行管理计划的主要内容应包括:

1）总体说明

包括项目概况、管理计划的编制依据、原则、试运行的目标、进度和试运行步骤。

2）组织机构

提出参与试运行的相关单位，明确各单位的职责范围；从有利于集中统一指挥、有利于技术指导的角度，提出试运行组织指挥系统，明确各岗位的职责和分工。

3）进度计划

进度计划应符合项目总进度计划的要求，并对施工安装、机械竣工和生产准备工作的进度提出要求，使之与试运行全过程相互协调一致，做到“长计划、短安排”，长计划统领全过程，短安排指导分项工作。

4）试运行准备工作要求

试运行需要的原料、燃料、物料和材料的落实计划，试运行及生产中必须的技术规定、安全规程和岗位责任制等规章制度的编制计划。

5）费用计划

包括试运行费用计划的编制和使用原则，按照计划中确定的试运行期限，试运行负荷，试运行产量，原材料、能源和人工消耗等计算试运行费用。

6）培训计划

根据建设项目的类型不同,合同约定内容不同制定培训计划,说明培训范围、方式程序、时间和所需费用等。

（2）试运行准备

按照试运行准备工作要求，落实人力资源的准备、人员培训、技术准备、安全准备、物资准备、分析化验准备、维修准备、外部条件准备、资金准备和市场营销准备等。

（3）人员培训

根据合同的约定和项目特点编制培训计划，包括：培训目标、培训的岗位和人员、时间安排、培训与考核方式、培训地点、培训设备、培训费用以及培训教材等内容。培训计划应经业主批准后实施。

培训的目的是使合同项目的各类岗位人员能胜任试运行和生产操作工作；培训必须切合实际，因岗施教，重在传授和掌握技能；培训应以操作手册和维修手册为主要内容，以使学员真正理解和掌握操作技能；培训的顺序应始于课堂讲授，终于现场实践，以实践为主；培训方式应按岗位对口讲授，言传身教；培训考核结果应进行检查，防止不合格人员上岗给项目带来潜在风险等。

（4）试运行实施

①试运行经理应按合同约定，负责组织或协助项目发包人编制试运行方案。试运行方案应包括以下主要内容：

工程概况；编制依据和原则；目标与采用标准；试运行应具备的条件；组织指挥系统；试运行进度安排；试运行资源配置；环境保护设施投运安排；安全及职业健康要求；试运行预计的技术难点和采取的应对措施等。

②项目部应检查试运行前的准备工作，确保已按设计文件及相关标准完成生产系统、配套系统和辅助系统的施工安装及调试工作，并达到竣工验收标准。

③试运行经理应按试运行计划和方案的要求协助业主落实相关的技术、人员和物资。

④试运行经理及试运行人员参加合同目标考核工作，并进行技术指导和服务。

EPC

Excellent Management on
EPC of Construction Enterprises

第四篇
工程总承包卓越管理方法

06 手段

工程总承包卓越管理方法

实行“两层分离”的管理模式，企业与项目两层分离、总包和分包两层分离，构建八个管理团队，完善五个专业工作体系，制定各项管理办法，实现业主、企业目标。

企业对工程总承包管理

建立“总承包部与专业项目部两层分离、项目运行、企业资源支撑”的管理体系。

1. 构建八个团队

相比传统施工总承包市场“价格战”，工程总承包市场竞争更侧重于高质量管理服务的比拼，争取为发包方提供囊括项目前期咨询、报批报建、勘察设计、招标采购、建造施工、联调联试及移交运营管理等“一揽子”服务。面对“管理战”和“服务战”的转变，就得拥有足够的高端工程总承包项目管理人才。企业工程总承包业务可以通过打造“八个专业团队:市场营销团队、设计控概管理团队、采购招标管理团队、计划工筹管理团队、施工方案管理团队、商务合约管理团队、财务资金管理团队、协调组织管理团队”为基础，通过制定八个专业团队的“选、用、育、留”机制和晋升机制，强化队伍的动态管理，在激发团队成员潜能的同时保证团队在数量和质量上双提升，八个专业团队成员作为工程总承包项目启动的引擎，推动企业工程总承包管理能力提升。

2. 运行五大专业工作体系

企业的工程总承包专业工作体系包含设计工作体系、采购工作体系、计划工作体系、商务工作体系、施工工作体系，各专业工作体系的运行，可规范项目管理程序，使项目各项工作可控，为项目的顺利实施奠定基础，提高项目的效益。

（1）运行设计工作体系：根据工程总承包项目管理特点，配置设计管理人员进行设计管理。企业成立设计管理部和专业设计院。设计管理部作为企业设计管理的专职部门，负责设计规划、人才引进、设计管理等工作。同时成立基础设施市政设计院、建筑设计院、公路设计院、铁路设计院等专业设计院，是针对基础设施板块特点，发展专项勘察设计能力，完善工程总承包设计管理体系。

总承包项目部相设置设立管理部，配置专业设计人员2～3名，主要工作以配合各专业、施工现场为主，企业设计院或专业设计公司成立设计专业分包项目部，负责具体设计工作，各专业分包配备专业设计人员，承担本专业深化设计工作。企业设计管理体系见图6-1。

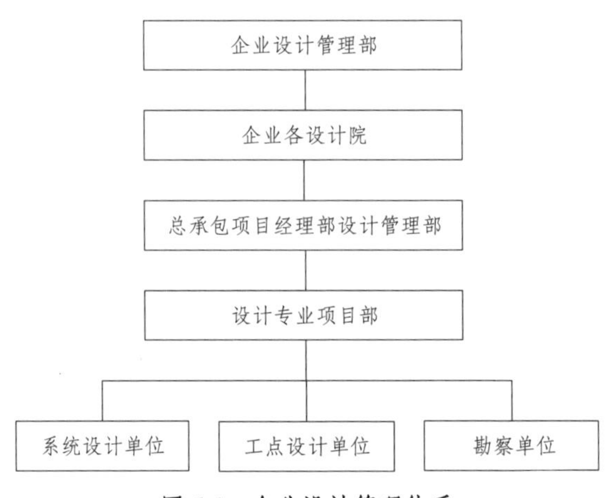

图6-1　企业设计管理体系

项目开始后，及时建立和维护项目的设计标准，标准要满足业主需求及具备可靠性、可用性、可维护性、安全目标、耐久性和其他要求。

在工程总承包项目全过程中，对于设计的管理需要贯穿始终，包括设计前期考察，方案制订，工艺谈判，设计中往来文件、设计施工图以及图纸的审查确认等内容，以及在采购、施工过程中的技术评阅，现场技术交底，设计澄清与变更，设计资料存档，竣工图的绘制等。如果按设计管理的角度出发，主要对质量、进度、成本、策划、沟通、风险的设计管理以及对工程整体的投资、工期进度的影响进行全程管理。工程总承包项目设计管理过程见图6-2。

（2）运行采购工作体系：补齐资源缺口，建立长效资源保障机制。

采购工作由企业商务管理部牵头，制定“集采”制度及管理办法，公司商务管理部及总承包项目部物资设备部提交采购计划，分级进行采购。

工程总承包项目资源需求存在高度复杂性和不确定性，更加注重外部资源

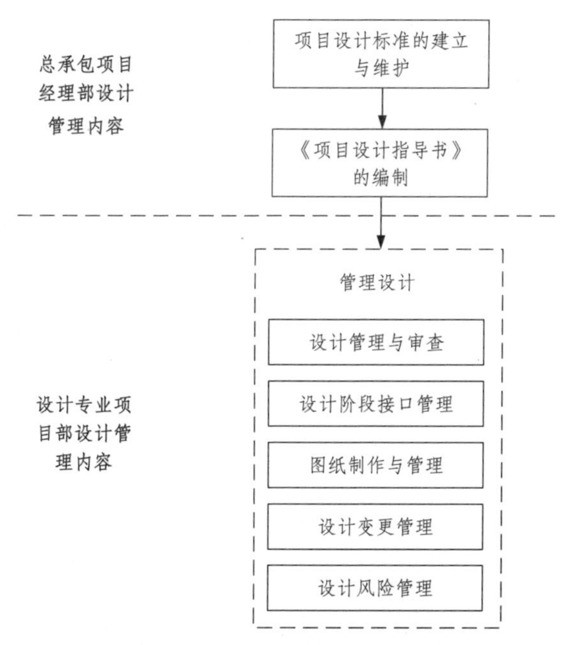

图 6-2 工程总承包项目设计管理过程

采购的前移和价值创造，采购工作要前移至设计阶段进行，用以支撑设计、保障施工。工程总承包企业必须大力加强资源建设与管理，才能在跨越发展中赢得主动权。要完善资源保障体系，就是先厘清企业在资源方面要什么、有什么、缺什么，然后尽快补齐资源缺口，并建立长效资源保障机制。从物资分类、计划管理、采购管理、进场管理、不合格品处理、周转材料管理、分供商管理等七个方面来着手完善原有项目资源保障体系。

物资按土建、装饰装修、机电安装等专业进行分类，土建主要物资有钢材、商品混凝土、水泥及掺料、地材（砂石料）、管片、防水材料等；装饰装修主要物资有钢材类、镀锌方管、涂饰类、砖瓦类、水暖类、电气类、铝板类、卷材等；机电安装主要物资设备有消防设备、空调设备、钢材、照明物资、消防物资、风水管、电气类、应急物资等；其他周转材料主要有模板、脚手架、钢支撑、水管、电缆、走道板、钢轨及其他零星材料等。

项目开工 1 个月内，项目部应根据项目策划编制主要物资总需用计划，经项目经理审核后提交企业商务管理部。由企业商务管理部根据总需用计划组织物资的集中采购或调拨，并建立项目主要物资总量的控制机制。对超出总需用计划的物资需查明原因后方可对总计划进行增补，总计划的增补须按原策划的审批程序进行审批。项目部每月25日前编制次月物资月需用计划，经项目经理审核后实施，如遇特殊情况可以增补计划，但每月增补不超过2次。项目部可根据施工进度将月需用计划细分为周、旬批次计划。项目部根据月度需用计划（周、旬需用计划）制定采购订单，分供商根据采购定单组织货源。

根据总计划由企业商务管理部牵头，明确企业“集采”制度及范围，完善供方互惠合作长效培育机制。制定“预采购”管理办法，明确其合规性，确保工程总承包项目前期投标阶段或中标后设计阶段，能获取外部关键供方资源的有力支持和信任。

所有大宗物资设备采购必须通过企业集采平台进行招议标，根据企业管理现状将招标采购组织形式分为企业集中采购、公司集中采购、分公司集中采购等三种形式。企业集中采购：由企业组织各下属分子公司，通过集中招标、联合谈判的方式，共同确定分供商和采购价格（或定价机制），统一签订框架协议或采购合同的采购模式，企业各相关单位无特殊情况都必须在企业集中采购中标范围内通过议标或谈判选择分供商，不得再另行组织公开招标。公司集中采购：由集团直营公司或子公司组织的招标。钢材、商品混凝土、模板、木方、水泥、安装用电线电缆、母线、桥架、装饰用铝型材、玻璃制品等必须集中到公司层面进行招采，除上述品种外，各公司要统筹规划，确保累计权重80%的物资设备要集中到公司层面进行招采。分公司集中采购：由企业直营公司、子公司的分公司组织的招标，除批量5万元以下的零星材料外，其他所有采购至少须集中到分公司进行招采。

材料验收严把“质量关、数量关、单据关”。数量与单据不符，抽验名称规格型号不符，无质量保证文件、厂合格证及质量抽验不合格的材料均不予通过验收。项目部按施工总平面布置及贮存、运输、使用、加工、吊装等要求设置物资贮存的位置及设施。项目应根据施工预算，做好总量控制，实行限额领料。

根据物资设备分供商对工程质量、安全、进度、环境职业健康及生产成本的影响程度，将物资设备分供商分为关键分供商、重要分供商、一般分供商和临时分供商四类。其中：关键分供商：钢材分供商；重要分供商：商品混凝土、水泥、模板、木方、架管扣件及大型机械设备等分供商（安装、装饰等专业主材）；临时分供商：指占生产成本较小且对工程履约各方面无实质性影响的分供商，具体包括零星材料和小型机具设备分供商，临时分供商不进入合格分供商名册；一般分供商：以上三类以外的分供商均为一般分供商。企业对分供商进行考察、评定分级、发布合格分供商名录、制定优惠政策等。

（3）运行计划工作体系：保证工程进度受控，注重项目过程管理。

计划管理体系由企业、分公司、工程总承包项目部、专业项目部各级计划管理人员组成，明确各级管理人员职责，编制《项目实施计划》，对项目实施的全过程进行管理。

企业计划管理的主管部门为工程管理部，总承包项目经理部的计划管理核心部门为计划管理部。主要负责编制《项目节点控制计划》《项目节点控制计划说明》及《项目总进度计划》，以满足工程总承包项目进度管理需求，编制工程总承包项目的设计、采购、施工、安装和调试等关键接口计划，并在分包合同中增加适当的控制措施，为设计及专业分包编制进度计划，确定关键线路和里程碑，明确工作界面和竣工责任，以便于管控。

计划管理分为计划编制管理及计划控制管理，计划编制采用自上而下编制总体计划，包括里程碑节点、进度控制目标及相关方总计划，实施计划自下而上集成，由各专业项目部提交，实施计划是具体的操作性计划包括各进度接口的协调。计划的控制由专业项目部汇报实际进度，总承包项目部进行审查和确认，同时逐级进行考核评价。项目总体计划控制流程见图6-3。

（4）运行商务工作体系：工程总承包商务管理体系由企业、分公司、总承包项目经理部、专业分包项目部四级组成，每一级均设置商务合约部，其基础性工作内容是商务谈判、合同管理、成本管理、变更管理、索赔管理和计量支付。工程总承包商务管理体系见图6-4。

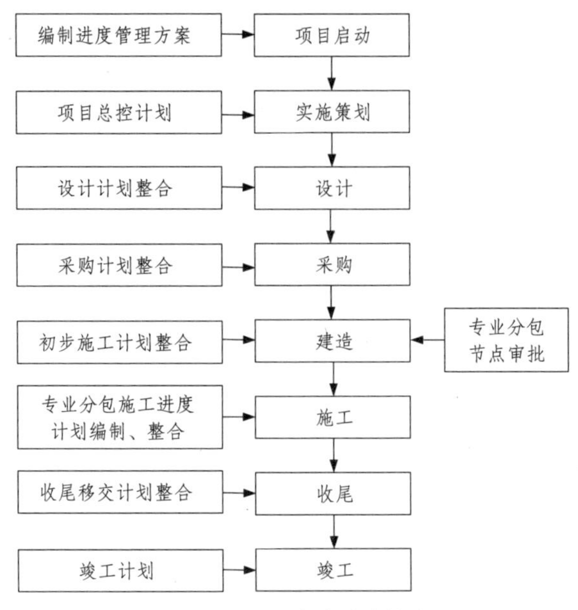

图 6-3 项目总体计划控制流程

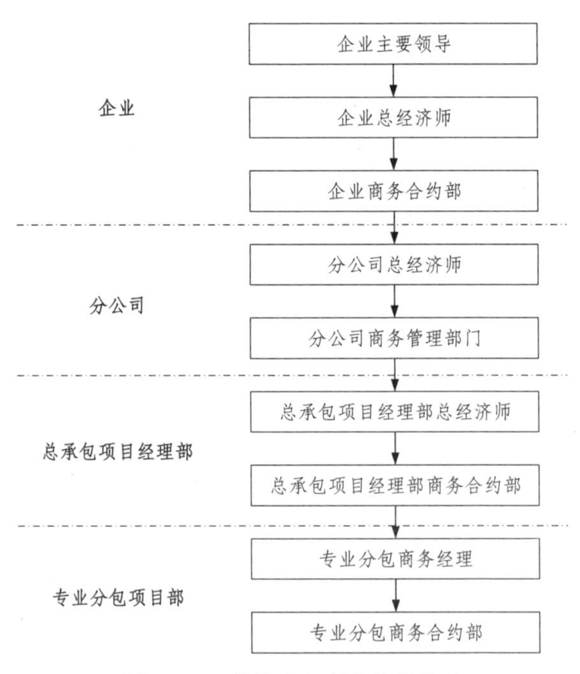

图 6-4 工程总承包商务管理体系

工程总承包项目概预算与成本管理的目标是“增收节支、降本增效”，概预算管理的重心要尽量前移，尤其是项目初步设计阶段，工程总承包项目80%以上的效益均在设计阶段确定，充分发挥工程总承包项目设计、采购、建造一体化的优势，做到造价事前主动控制，在设计阶段引入并行工程的原理，将设计与采购施工进行并行交叉，提高运作效率，采购阶段提前整合外部供应商，通过预采购等方式，减少中间交易成本。工程造价控制的核心是“限额设计”，由商务合约部提出限额要求，设计管理部及专业设计项目部将各专业限额分配给对应专业设计的团队，每个专业设计团队根据目标值进行设计，设计过程中层层分配，层层限额，确保项目概预算控制目标的实现。

项目合同管理由商务合约部负责，合同的审批权限归集于企业和分公司两级法人单位层面，经分公司审批后报企业，由企业总经济师主持评审。合同签订后15天之内，由公司主管部门及项目商务合约部负责进行合同交底，接受交底人员为项目部主要管理人员。合同履行过程中需进行监控，主要监控合同履行情况，合同条款执行情况，合同主要风险规避情况等，监控发现异常的要提出预警。

（5）运行施工工作体系：施工工作体系由企业、分公司、总承包项目经理部、专业分包项目部四级组成，每一级均设置工程管理部，施工管理的重点是“全面的计划、统一的控制、集中的协调”，其核心是对分包管理、接口协调、过程成本控制及现场进度、质量、安全等的管理。施工过程与设计和采购过程交融，是为完成特定的施工任务，对项目建设进行计划、组织、协调、控制的过程。工程总承包项目经理部生产副经理负责组织管理总承包项目的施工任务，全面保证施工进度、费用、质量和安全环保等目标的实现，工程管理部负责各专业分包项目部的管理及现场接口协调等。

分包管理是企业的核心竞争力，分包管理的好坏决定了工程开展是否顺利，对于分包商的工作负有直接的责任，包括分包策划、分包选定、分包工作组织协调、分包工作移交等。通过与优质分包建立合作伙伴关系，建立和谐共赢的项目文化，有利于项目目标的顺利实现。

工程总承包管理的接口主要包括：物理与空间接口，如各种综合管线的布设，机电系统等的预埋预留等；功能接口，如综合消防系统的各单元接口等；进度接口与交叉作业，如土建与机电的施工协调、机电进场前的场地移交等。接口协调的原则是“个体服从整体，进度、成本服从安全、质量，部门工作服从工程项目建设总目标”，总承包项目经理部负责协调现场各专业及各专业项目部关系，对项目建设目标实施控制，其他协调事项由项目部各部门内部控制及协调。

进度控制的核心保证项目按期完成，合理安排资源供应，各专业项目部根据计划管理部拟定的总体计划和关键节点，上报自己的实施性施工计划，总承包项目经理部工程管理部审核后汇总，督促各单位执行，经常检查施工实际进度，与计划进度相比较，若出现偏差，分析原因并采取调整措施，直到工程竣工验收。

施工质量由总承包项目经理部技术质量部具体负责，通过施工前、施工过程中及工程试验的管理，保证工程项目的质量合格，施工前需做好质量管理制度的制定及技术交底，施工中对各施工环节的质量进行监控，工程试验按规范及设计要求执行。

施工安全由安全监督部具体负责，按照项目实际情况及主管部门要求，建立项目部安全管理制度，确定目标，与各部门、各分包商及合作伙伴签订安全生产目标责任书，对各单位的安全目标完成情况进行定期检查和考核。

3. 绩效管理

绩效考核管理工作由企业人力资源部负责牵头组织实施，其中企业规划部组织对机构的绩效考核，人力资源部组织对员工的绩效考核，商务管理部组织对总承包项目经理部的绩效考核，工程管理部、商务管理部、党建工作部分别牵头组织工程线、经济线、党群线等“三线”检查，企业总部各相关部门参与、配合、支持绩效考核工作。

绩效管理的核心是保证企业目标和使命的实现，绩效管理主要基于企业战略，将企业战略目标分解，通过绩效计划、绩效实施、绩效考核、绩效反馈与面谈以及绩效结果的应用，这一过程来促进分解的各个分项目标的实现，从而确保组织整体目标的实施。

绩效考核是绩效管理的重要内容。企业用系统的方法、原理，评定测量项目团队及成员在职务上的工作行为和工作效果，考核的最终目的是改善团队和成员的工作表现，以达到企业的经营目标。考核的结果主要是用于压力传递、薪酬管理、职务调整、工作反馈、工作改进、组织发展和员工发展。

科学的绩效考核应当建立在职责明确的基础上，即通过岗位职务分析，编制职务说明书和工作任务说明书，在此基础上根据所在岗位工作内容和岗位要求进行个人的绩效考核，其突出的特点是指标的量化性和针对性，避免所有人执行同一套考核指标。

工程总承包项目绩效考核是以工程总承包项目的目标为导向，贯穿整个过程管理的一个过程。可以从不同层面来考虑，企业在建立考核体系或者制度的时候需要考虑工程总承包业务发展的情况。

从考核的层次来看，既可以包括企业对整个工程总承包业务的考核，还可以包括企业或者管理部门对项目及项目组织的考核，同时还可以包括对项目团队及项目成员的考核。其中项目组织作为一个临时性的团队机构，其考核可以类似部门的考核。

从阶段上划分，可以将工程总承包项目的过程划分为经营阶段和实施阶段两大阶段。

经营阶段的项目考核主要是对经营阶段各个环节参与人员创造的价值的评价,从而形成激励方案。经营工作是一个需要激励的工作,通过激励措施为引导,能够激发在这个阶段的工作成效。

对于项目实施的考核，又可以分为项目的过程考核和项目的完结考核。

项目过程考核，以里程碑节点目标或者季度、年度目标为考核基准。项目的完结考核是以项目交付物为核心，通过项目的经济达成情况、项目的客户方满意度等多方面进行评估考核。

从考核的范围来看，可以包括参与项目的所有组织或者人员，还可以包括项目其他的参与方，如:分包方、供应商等，其中项目的实施主体是考核的重点，其他参与方视情况考核。

总体上来讲，工程总承包项目考核体系的建立是保障项目目标达成重要保证。工程总承包项目管理制度体系为项目提供了一个良好的实施环境，是一个企业建立适应行业标准、企业战略的标准体系，是工程总承包项目能够较好地实施的轨道，而目标责任体系和考核体系是工程总承包项目实施的牵引。

企业对工程总承包模式的绩效考核采用关键绩效指标法：

关键绩效指标由一组核心和特定项目管理量化标准组成，它有助于展示和评估项目的整体绩效。它是一种评价管理工具，勇于确定项目目标及指标，衡量绩效并推动持续改进。

项目经理与企业总部职能部门根据“项目部目标责任书”确立项目关键绩效指标和各项管理目标，并根据企业检查考核评价体系对总承包项目部及各子项目定期检查考核评价。

鉴于项目的特点和复杂性，必要时项目的关键绩效指标可修改，但是这些经修改的指标须经项目经理审查及企业的批准。

项目经理应指派专人收集每一个合同的定期关键绩效指标的执行结果自检报告，并据此汇编出总承包项目部关键绩效指标完成情况。

项目经理应监控各合同的履行情况，并在项目经理月报中提交总承包项目部关键绩效指标。

企业应对照目标审查各关键绩效指标，跟踪管控措施的有效性，一旦有问题及时整改纠偏。

项目竣工验收合格后，需预留一段时间进行绩效考核。绩效考核由企业审计部进行项目成本审核，根据审核结果和“项目目标责任书”进行绩效确定，确定项目最终绩效考核评价情况。

4. 目标管理

工程总承包项目部目标管理工作由员工目标管理和机构目标管理两部分组成。

员工目标管理，根据年初制定的包括量化目标考核与定性考核，由总包部自行组织，一般按季度进行。量化目标考核以签订的“岗位目标责任书”考核为主，项目部结合员工的岗位职责，按照“项目管理目标责任书”总体要求将责任目标分解到各相应岗位人员。

定性考核包括项目班子评价及员工互评。主要从工作绩效、业务能力、执行力、责任心、团队协作等方面进行综合考核，结果强制分布。个人考核结果与员工的绩效工资及项目奖金发放、职业生涯发展挂钩。

机构目标管理，总承包项目经理部机构目标管理由企业工程总承包管理事业部通过“项目管理责任书”进行目标考核管理，考核工作由企业工程总承包管理事业部牵头组织，每年一次。考核结果经企业工程总承包管理事业部审核确定后运用于项目管理绩效薪筹以及专项奖金的核算和发放。

从企业层面来看，企业可以通过目标责任体系来明确工程总承包项目预期的结果和管控要求，目标责任体系是企业管理工程总承包项目的有效的抓手；从项目层面，工程总承包项目管理必须以目标为导向，目标责任体系是项目组织及团队工作的牵引和导向。

为规范项目运营管理，明确项目管理责任，确保全面兑现对业主的承诺和项目其他各项履约管理目标实现，进而不断提升企业经济效益和社会效益，并有效规避项目运营风险。本着企业经营风险与项目管理风险分开，充分调动项目管理团队积极性的原则。企业聘任项目经理，组建项目工程管理班子对本项目进行全过程管理，并与其签订“工程总承包项目部责任书”。在责任书中，明确项目管理目标，包括：履约目标（工期、设计、质量、安全、环保）、效益目标（收入、成本与创效）、资金目标以及其他合同要求和企业规定目标。项目经理部以项目经理为第一责任人，具体负责从工程项目开工到交付后保修期满全过程的管理目标责任的实施，按照“工程总承包项目部责任书”要求完成各项目标,对业主和企业负责。企业各职能部门负责项目经理部经营管理活动的监督、检查、指导、纠正、协调、服务，按照“工程总承包项目部责任书”考核要求，对项目部进行考核，并依据考核结果实施奖励与处罚。

工程总承包事业部对总承包项目经理部计发履约奖、成本考核奖、资金回款奖进行相应的考核审批与兑现奖罚。履约奖按季度进行审批发放。由企业工程总承包事业部每季度按照总承包项目经理部完成产值情况核定发放标准，履约奖最终的分配情况由总承包项目经理部报企业工程总承包事业部审批后发放。成本考核奖每年考核发放一次，由企业工程总承包事业部牵头组织对总承包项目经理部成本管控工作考核，根据考核结果预发部分成本考核奖，剩余部分在项目结算完成且内部审计结束后进行发放。资金回款奖根据总包部工程款回收完成情况，由企业工程总承包事业部审批核准后发放。

5. 协调管理

企业对项目协调管理的核心是，需要明确企业总部是为总承包项目经理部和工区项目部服务的。即项目部是产生业绩的部门，总部是为支撑项目部产生业绩而存在的，因此总部需要为项目的生产贡献自己的力量，为项目部配备必需的专业技术人员，全力为项目部提供动态的、必需的生产要素，项目部需要获取总部的支持，从而能及时低成本地完成客户制定的产品。

企业帮助项目部协调解决一些拆迁、设计、资金、材料设备和分包队伍等问题。避免总部的资源或者资金没到位，造成项目工期延误。

企业通过信息化管理平台建立协调问题库，由各专业项目部报告总承包项目经理部及公司，总承包项目经理部和分公司收集上报企业，形成问题清单提交项目履约协调会议进行研究，并在会上迅速决策、迅速安排推动，做好会议记录，明确由那一级负责协调解决、处理意见、落实责任人和落实时间，工程总承包协调流程见图 6-5，协调问题清单见表 6-1。

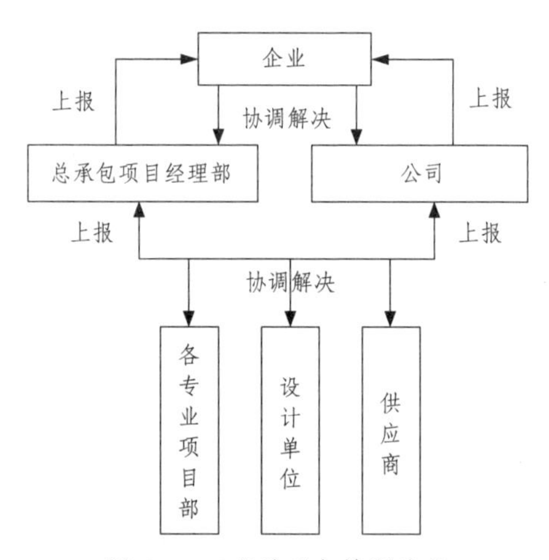

图 6-5　工程总承包协调流程

协调问题清单　　表 6-1

序号	问题描述	总包部意见	公司意见	企业意见
1	***			
2	***			
3	***			

企业工程管理部门及时将会议记录下发各责任单位或责任人，并及时检视项目履约协调会议决策事项完成情况，对未完事项进行督导直至解决。

6. 风险管理

企业以重大风险预控为重点，对风险管理初始信息、风险评估、风险管理策略、关键控制活动及风险管理解决方案的实施情况进行监督。项目风险大致可分为外部风险和内部风险，工程总承包企业风险主要包括战略风险、财务风险、市场风险、运营风险、法律风险等。

工程总承包项目风险管理应结合工程特点、合同条件、现场情况、资源状况等做好风险识别、风险评价和风险控制工作。主要风险有：

（1）概算风险

风险范围：设计范围超过概算；概算的不确定性，由于规划和初步设计阶段不确定的数量和单价；项目概算的漏项。

防范措施：严格明确设计范围；设计、建造、商务高效融合；施工图正式出图前及时进行图纸审核，从严把关；概算编制时，图纸尽量附主要工程量和设计说明，降低设计漏项。

（2）技术方案风险

范围：设计图纸不充分，施工方案的参数、设备选型存在偏差；分包商技术能力无法达到要求；项目范围的不断变更。

防范措施：熟悉图纸和规范要求，主要设备选型确保符合要求，设备基础施工无误；熟悉工程重点专项施工方案，相关技术交底清晰完整明确。尤其是对外分包工程，严格加强对分包商的资格预审和施工监督；加强工程进度管理，及时更新提交施工进度计划，坚决避免延期罚款。

（3）工期风险

范围：报批、报建手续办理不顺利造成工期延误；设计、采购、施工之间的不协调而导致建设周期的延长；地方产权单位、村民用地纠纷等征拆原因影响工期；冬雨季影响施工进度；疫情影响造成的停工等。

防范措施：项目设置专职报批报建人员；重视施工计划，进行过程跟踪，及时纠偏；积极推动、配合业主征拆工作，同时根据施工计划编制征拆计划，征拆做到前面；编制了冬雨季专项方案，精心部署、提前准备，同时收集相关证据资料，及时申请工期顺延。

（4）安全、质量风险

范围：管理人员玩忽职守造成质量、安全事故；图纸熟悉程度不足造成质量问题；作业人员技术不熟练造成安全问题。

防范措施：设置专职质检员、安全员，对施工过程进行监督，防止质量缺陷、安全事故的发生；以事前预控为主，熟悉图纸，编制施工技术方案，必要时请专家进行论证，保证方案的科学性、合理性来控制质量、安全风险；加强施工人员安全、质量意识，进行三级技术交底、岗前培训等。

（5）环境保护风险

范围：项目施工过程中对周围环境的影响，如固体废弃物外运、施工机械噪声、施工粉尘、施工污水。

防范措施：建立环境保护管理体系，明确岗位职责；对项目施工过程中可能发生的环境影响因素进行识别；制定相应的减少废弃物、防尘、降噪等措施；制定应急预案。

7. 计划管理

工程总承包计划管理组织机构由企业、分公司、总承包项目经理部、工区项目部四级构成，公司设置工程总承包分管领导和工程总承包事业部，项目设置计划经理和计划工程师，并设置计划管理部。

工程总承包项目具有战线长、项目综合性强、工序交叉多，施工干扰大等特点。在编制工期计划时,必须分析工序节点和考虑工程交叉,节点工期明确后,制定相应的资源配置计划，并组织实施。

（1）总体施工筹划

为了确保项目投资、设计、采购、质量、工期、安全目标的顺利实现，企业和分公司层面应协助工程总承包项目进行总体施工筹划，提升工程全过程筹划与管控能力。

通过合理安排工程总承包中生建、机电、装饰装修、设备安装等专业工程的施工顺序，统筹好各专业、各工序之间的交叉施工，确定项目总进度计划。同时结合外部施工环境，合理配置资源，确保项目目标的实现。

（2）重大节点

根据总体施工筹划，公司层级应协助工程总承包项目全面梳理过程中重难点项目、重大工期节点，提前预警，应用进度管理的掌控平台，不断优化重大节点施工计划，强化关键节点管控。

（3）年度、季度、月度计划

根据项目总体施工筹划及总进度计划，计划管理部对其进行细化，编制出切实可行的年度、季度、月度计划，并根据进度计划编制资金、人员、机械设备等资源需求计划，保证计划目标的实现。计划完成后上报公司。

计划管理是一个连续的、动态管理的过程。在计划执行过程中，计划管理部通过不断地跟踪检查项目实际进展，比较实际值与计划值之间的偏差并分析原因，采取相应的措施对计划进行纠偏和调整，并最终实现总工期目标。公司根据实际情况对项目实施分级督导管控，分级名单每半年滚动更新一次。

①要求项目部进度管理以“按日控制，按周、月检查”的原则开展，每月组织全面的进度检查，分析偏差情况。公司应全面梳理重大节点，按项目明确专人负责，要跟踪节点进度情况，对节点滞后进行预警，并根据管理规定进行现场督导纠偏。

②公司每月通报重大节点完成情况，根据公司《进度考核管理办法》对不按要求实施的项目或个人予以追责。因进度滞后等问题引发的重大索赔、处罚、造成严重不良影响的投诉，按照企业相关规定，对责任人进行处罚。

工程总承包项目各线条管理办法

1. 设计控概管理办法

（1）《设计管理办法》

设计管理的原则是“技术先进、经济合理、流程简单、标准规范”该办法是为了提升设计服务能力，提高设计管控与图纸质量，规范设计过程管理。涵盖的主要内容有：明确各级机构设计管理架构及职责；对设计项目、设计变更类型进行分类；明确变更的分类管理及流程进行；对深化设计进行规定；对设计质量、图纸审查进行规定；对设计报规报建、设计进度进行规定。

（2）《设计变更管理办法》

设计变更管理的原则是“不降低设计标准、不影响使用功能、确保工程质量、便于工程施工”。《设计变更管理办法》是为了规范设计变更分类、申报和审批流程，强化执行及记录，保证工程质量与进度，有效控制工程投资。涵盖的主要内容有：明确设计变更管理的机构及职责；明确变更的类别（方案变更、施工图变更）及审批权限划分；明确变更审查流程管理；规范变更资料管理等。

2. 采购招标管理办法

《物资采购管理办法》

物资采购的原则是“适量、适质、适价、适时、适地”。《物资采购管理办法》为了统筹、规范各层级物资采购管理，明晰各层级物资采购授权界线。该办法涵盖的主要内容有：明确物资采购管理的内容，细化物料 ABC 分类；对物资采购、验收、储备、盘点、限额领料进行规定；对物资需用计划及申报要求进行规定，对材料周转、调用、作废回收进行规定。

3. 计划工筹管理办法

（1）《项目进度管理办法》

进度控制的原则是“安全是前提，质量是基础，进度是形象，效益是核心”。《项目进度管理办法》为加强项目工程建设进度计划管理，有效控制建设工期与造价，使工程建设进度可控，提高投资效益和竞争能力，确保项目建设时间目标顺利实现。涵盖的主要内容有：明确各层级机构进度计划管理职责，分层级对总体、年度、季度、月度施工进度计划进行管理并督促落实；规定对进度计划和重大节点进行调整的条件和相关流程；确定进度计划的检查频率、方法及考核办法；统一进度报表及标准格式。

（2）《项目策划管理办法》

项目策划的原则是“客观原则、定位原则、信息原则、可行原则”。该办法是为了有预见性地识别项目需求和风险，合理部署公司和项目部的实施步骤，实现项目的各项预期目标。涵盖的主要内容有：明确项目从投标到竣工过程中所有策划的类型（项目策划书、实施计划书及其他专项策划等），并按各级授权情况对策划进行分级管控，明确报审流程；规定公司层面策划的牵头部门及其他策划相关部门的责权利，项目策划的编制时间及策划会组织方式、形式；规定策划执行过程中调整、检查与考核方式方法，确保项目各类策划的严肃性和执行效果。

（3）《工程总承包项目工程筹划管理办法》

工程筹划的原则是“客观原则、系统原则、高效原则”。该办法主要为了确保投资、设计、采购、质量、工期、安全目标，提升工程全过程筹划与管控能力。涵盖的主要内容有：明确按建设项目管理规范的要求组建工程总承包管理机构；体现了工程筹划管理内容和方法，明确工程项目进度计划管理的任务、职责；建立项目进度、质量、工期及安全管理和控制的模式、工作程序和工作方法，促进项目施工管理工作科学化、规范化。

4. 施工方案管理办法

（1）《施组及施工方案管理办法》

施工组织设计（简称“施组”）及施工方案的原则是“合规性原则、可行性原则、经济性原则、先进性原则”。该办法是为了提高施工组织设计与施工方案的针对性、指导性与操作性，理清施工组织设计与专项施工方案分级论证与评审的责任，规范施组和方案预控管理。涵盖的主要内容有：规定施组与方案的编制依据、时间和内容要求，明确施组及施工方案的分类、审批及论证要求；明确送审流程及各级授权情况与管控职责，确保方案合法合规性；规定实施过程中的复核及验收方式方法；制定不按方案实施的奖惩方法和标准。

（2）《项目质量管理工作章程》

该办法为贯彻国家有关质量的法律、法规，建立健全工程质量管理体系及各项工程质量管理制度，切实加强质量管理工作。涵盖的主要内容有：明确各级质量管理的组织架构，人员配置及其职责分工；列举质量管理的主要工作内容和管理流程；确立相关会议制度及其组织形式和章程。

（3）《工程质量管理办法》

工程质量管理的原则是"底线原则、稳定原则、高效原则"。该办法为全面提高项目工程质量水平，增强企业竞争力，实现工程质量管理工作的规范化、标准化。涵盖的主要内容有：确立质量管理组织机构与其职责；明确专职质量管理人员配备要求；确立质量检查与考核的方式方法与频次；明确质量目标和创优目标；划分质量事故分类与调查追责原则；工程质量过程管理内容与规定动作。

（4）《工程总承包项目安全管理办法》

工程安全管理的原则是"安全第一，预防为主，综合治理"。该办法旨在加强总承包项目安全生产，确保不发生安全生产事故。涵盖的主要内容有：明确项目安全管理的内容；规定施工安全管理策划及要求；确定安全环保管理组织机构；列举必须实行的主要安全管理规章制度；列举必须采取的主要安全管理措施；对安全环保教育培训进行规定；明确安全管理的重点和安全设施验收程序；规定必须配备的个人防护标准；施工分包商管理与监督；应急准备与响应；安全奖惩与考核。

（5）《项目安全监督管理制度》

项目安全监督的原则是"预防为主原则、监察与服务相结合原则、教育与惩罚相结合原则"。该办法旨在建立安全生产监督体系和群防群治制度，杜绝重大安全事故发生，确保施工生产过程中的人身和财产安全。涵盖的主要内容有：明确安全生产管理流程；确立安全分色预警办法；明确安全检查的内容、形式及评价方法及奖惩措施；规范安全相关内容的验收管理；确定施工现场消防管理等。

（6）《项目试运行管理办法》

试运行管理的原则是“统一协调、安全有序”。该办法旨在规范试运行管理，明确了运行管理工作流程，提高试运行管理水平。涵盖的主要内容有：明确项目试运行管理的组织机构、人员配置及职责分工；明确相关内容及工作流程；规定试运行前各单位应准备及达到的运行条件；明确验收及移交管理程序及标准。

（7）《工程竣工验收及交付管理制度》

竣工验收及交付管理的原则是“质量达标、程序合法、资料完整”。该办法主要为加强工程项目验收管理，规范竣工验收程序，保证工程质量，促进建设项目及时投产运营。涵盖的主要内容有：竣工验收的组织机构及职责；工程竣工验收的程序；工程竣工验收的过程管理及验收流程；规定各阶段需要的文件及主要内容等。

5. 商务合约管理办法

（1）《合同管理办法》

合同管理应遵循的原则有“实际履行原则、适当履行原则、协作履行原则、诚实信用原则。”《合同管理办法》是规范合同管理相关流程和标准，是企业合同管理的依据。涵盖的主要内容有：明确各层级合同管理的分工和职责；确定合同管理的工作流程；合同文本评审分工和流程；建立评审风险要素分级管理机制；合同谈判策划与流程；合同责任分解及交底；规定合同签署、变更及解除条件、要求及流程等。

（2）《成本管理办法》

成本管理的原则有“措施现实化、管理制度化、成本归集真实有效”。《成本管理办法》是规范各层级成本管理的依据，促进成本管理整体水平的提升，以利于降本增效，实现项目效益最大化。涵盖的主要内容有：明确成本管理的职责与分工；规定管理的模式与流程；划分各层级成本管理的权责；明确风险抵押的规定与标准；明确项目责任成本的分解、下达与兑现方法；过程成本管控与成本核算原则、对象及方法等。

(3)《项目商务策划管理办法》

项目商务策划的原则是“客观原则、定位原则、经济原则、可行原则”。该办法是为了规范项目商务策划管理的相关内容，提升商务管理的水平。涵盖的主要内容有：明确商务策划编制时间要求，项目策划书主要内容和评审流程；规定策划动态调整条件及流程要求。

(4)《供应商管理实施细则》

供应商管理的原则有“资源共享、集中采购、能力优先、诚信公平、优胜劣汰、合作共赢”。该办法旨在加强分包管理，确保工程安全、优质、高效、文明施工，控制工程施工成本。涵盖的主要内容有：规定分包招标的方式及原则；明确分包的范围；招标定标的工作组织、程序及要求，明确招标禁止的行为；对分包施工过程进度、质量、安全管理目标进行明确；对分包工程款支付的审批及支付进行规定；对分包签证办理的原则、程序及确认方式进行规定；对分包工程结算管理进行规定。

6. 财务资金管理办法

《财务资金管理办法》

财务资金管理的原则是“贯彻企业财务战略，统一财务管理体系，加强财务管控力度，推进企业财务标准化建设”。该办法主要为通过统一财务机构和岗位设置，明确财务机构职能和岗位职责，强化财务人员管理，为优化财务管理体系，提升财务管理水平奠定基础。通过明确会计核算税务、资产、费用、财务报告等财务管理各方面规范，为企业财务管理提供方法。该办法涵盖的主要内容有：本手册包括财务机构与财务人员、会计基础工作、会计核算、税务管理、资产管理、费用管理、全面预算管理、财务报告管理、项目财务管理、海外业务财务管理等企业财务一体化方面内容。

7. 协调组织管理办法

《协调组织管理办法》

协调组织管理的原则是“全面原则、准确原则、系统原则、完整原则”。该办法主要为加强工程建设过程中接口管理工作，落实接口管理工作中各方职责，科学有序的全过程控制好接口质量，接口管理包括合约接口管理、设计接口管理、建造接口管理。该办法涵盖的主要内容有：对接口进行定义；接口管理工作必须遵循的原则；接口管理的组织机构；各参建单位接口管理的职责；接口的分类；接口管理的工作程序、流程和要求等。

工程总承包管理控制概算方法

1. 控制概算理念

（1）“控圆缩方”的总体创效理念

项目管理是企业管理的基石，成本管理是项目管理的基石，项目管理要以成本管理为主线，“方圆图”将融资、设计、建造和采购定义为图形的四大支撑，明确表明了这些管理行为和目标在项目管理中的关键支撑作用。要有大成本的概念，在工程总承包项目管理中控制概算，做好融资、设计、建造和采购管理，使其满足国家规范和相关文件要求，满足合同履约的要求，满足项目策划的要求，才能实现项目与企业利益最大化。反之，将直接影响融资、设计、建造和采购要求所造成的直接经济损失，深远影响是对企业生产经营和企业发展所带来的市场行为和企业形象的损失。企业要加强过程检查和考核评价，尤其是对建造管理的工期、质量、安全、环保进行把控，确保项目的融资、设计、建造和采购管理处于可控状态。

（2）“设计为主”的理念

设计是把客户的需求转化成系统性的基于技术的解决方案。设计管理是整合、协调设计所需的资源对设计进度、质量、造价、技术、合规性进行持续性优化以达到工程价值最大化的过程。以设计为主兼顾与其他要素融合。设计与市场融合，开拓市场：营销沟通，标书编制；设计与工程安全融合，守住安全底线：结构验算，防“偷工减料不要命”；设计与概算融合，控制概算（优投资）：

方案最优，设计概算控制精准到位；设计与工程品质融合，提升工程结构品质：优方案、便施工、便营维；设计与进度融合，优工期：加快报批报建，快速出图，少变更，两图（施工、深化）融合；设计与采购融合，预采购：设计与采购同步进行，实现成本与进度最优；设计与质量融合，保质量：减少设计错、漏、碰、缺问题、施工图与深化设计同步。做到以设计为主兼顾与其他要素融合自然就能降低投资与概算。

（3）“采购及时就是效益”的理念

工程总承包项目采购管理贯穿于项目实施各阶段全过程，其主要工作包括设立采购工作小组、进行采购管理策划、按计划实施预采购和实施采购，已不再只是提供生产资源的简单“购买”工作，而是纵向承接设计与施工环节、横向联动各关联专业，为工程建设全过程提供服务和支持的核心工作；更是需要为工程建设提供“资源整体解决方案”,是和设计管理一样的“价值创造”活动；项目创效从管理创效向采购创效转型；加强采购的管理与经营工作，提高采购及时性，可降低工程成本，规范分供方管理、采购、周转过程，增收节支，提高项目经济效益。

2. 控制概算方法

（1）专业类方法

1）限额设计

为了有效控制建设工程投资，防止概算超估算、预算超概算、决算超预算的“三超”现象的产生，在设计过程中推行限额设计。按照批准的可行性报告和投资估算控制设计，在保证使用功能的前提下，各专业按分配的投资额进行设计,保证工程总投资额不被突破。设计单位应在满足功能及质量要求的前提下，不超过计划投资。设计单位应在设计进展过程中及阶段设计完成时，及时对已经完成的图纸内容进行估价，并与限额设计指标进行比较，使设计满足限额设计指标的要求。施工图预算超限额设计指标的比例，与设计费挂钩，给予设计单位一定的经济处罚，并要求设计单位无条件修改，直至满足限额设计指标的要求。鼓励设计单位应用价值工程，在不降低使用功能、效果的前提下，实行设计方案优化，节省投资的比例同设计费挂钩，以调动设计人员的主观能动性和创造性。

2）优化设计

加强工程设计方案优化已成为现代工程建设开展的重要工作，是控制工程成本、提高工程造价管理的关键；优化设计在工程总承包项目中特指设计过程设计单位、第三方优化单位、专家咨询等单位，通过调整设计、改进施工方案等，从而达到既保证使用功能和质量标准，又节约投资便于施工的设计变更。优化设计的原则是不降低设计标准、不影响使用功能并确保工程质量、合同工期、投资成本控制的目标。设计优化工作要贯穿工程建设的全过程，在通过实地调研、收集资料、研究论证和评审后。总承包项目部、监理单位、设计单位、各专业分包等均可提出设计优化方案。

3）优化施工方案

加强工程设计方案优化已成为现代工程建设开展的重要工作，是控制工程成本、提高工程造价管理的关键。方案优化是在实施性施工组织设计编制阶段对工程项目工、料、机等生产要素的合理组合和对施工过程中的技术方案进行有效地预先谋划和比选过程。在施工设计图出图之前要加大与设计单位的沟通，充分考虑现场各种条件对技术方案进行有效地预先谋划和比选优化各项工程数量，减少工、料、机等施工资源的投入，将施工意图纳入施工设计图中，达到最大程度地节约成本的目的。组织各专业人员按照科学合理、经济适用的原则对确定的各种方案进行优化比选，合理确定工、料、机等施工资源的最佳配置，在满足安全、质量、工期要求的前提下以降低工程成本、提高经济效益为目的。施工组织设计和施工方案优化的重点应放在实施过程中，工程总承包项目在编制实施性施工组织设计和施工方案时，应依据现场情况进行动态控制，不断优化、修改、补充和完善，保证施工方案始终处于最优状态，最大限度地降低工程施工成本。

4）控制变更、平稳推进的建造理念

作为工程总承包方，在项目施工阶段常常会遇到审核各种有关工程变更请求的问题，掌握好处理这些变更的程序和原则，对控制工程的进度、质量和投资起着至关重要的作用。在采用经评审的最低投标报价法的工程中，如何正确识别合理工程变更，防止施工单位利用工程变更变相提高工程造价或降低工程质量，是工程总承包方一项重要的工作内容。工程变更与费用有着紧密的关系，有工程变更就必然有工程费用变化。而工程费用的变化一般是工程量、工程单价或者工程计费项目发生了变化，或者三者同时发生了变化。因此，若工程变更控制不好，必然会加大工程的费用投入，当这种投入达到一定程度时，就会引起索赔或工程价格的变动，使工程费用超支，工程投资变化较大，超出预算。为了更好控制工程变更，应建立专业管理组织及一整套完善的管理系统，建设单位、工程总承包单位、监理单位、施工单位、设计单位在工程现场都应有自己的管理机构、管理人员，专人专职，完善各自的职能，提高管理水平，加强现场监管提高责任心和业务水平，严把设计、变更和工程签证关，完善工程合同中对工程变更的定义、定价标准，提高对工程变更的管理，最终实现工程顺利推进与投资控制相结合，真正体现项目管理水平。

5）资料齐全、有序移交的内业管理

建筑工程资料管理，是建筑工程资料的填写、编制、审核、审批、收集、整理、组卷、移交及归档等工作的统称。工程建设是始于立项、规划、勘察、设计，经历开工建设直至竣工交付的建设过程，依据国家法律法规，建设过程中必须形成一套完整的、能够真实反映过程行为和状况的工程资料，以便于工程的维修、运营管理，并为追溯建设过程有关情况提供客观证据。工程资料直接关系到施工过程的合法合规状况，直接影响后道工序和后续工作的开展，也成为工程质量不可分割的一部分，提高对工程资料重要性的认识水平和重视程度，进一步完善工程资料的管理，保证资料与施工同步、与实际相符，将有利于规范各方质量行为，全面落实工程质量责任制，进一步提高工程质量和管理水平。

6）建立优秀分供方资源库

建立优秀分供方资源库有利于管理，在设计、设备、材料、专业分包等方面，可避免因选择分包商不当造成损失，促进分包商资源利用水平的提高；可确保分包商在工程设计、施工、物资设备供应和环境保护、安全质量进度等方面满足工程总承包单位要求，保证分包合同的正常实施；可规范分包商履约，防范分包商在个别项目的短期行为，使分包商的优势能较好发挥利用；可加速分供方档案管理工作的制度化，标准化，程序化建设，建立分供方管理平台。

7）责任效益统筹，部门、阶段检查考核

只有规范工程总承包项目各部门绩效管理工作，才能保障组织体系顺畅运行，持续不断地提高和改进项目、部门工作业绩，才能确保项目投资、设计、采购、建造目标的达成，才能确保工程总承包合同的有效实施；所以绩效管理作用一定要及时发现、及时纠偏。阶段时间太长往往忽视绩效实施中发现的问题，从而失去有效提升绩效工作的机会。绩效指导应该就在问题发生的当下，而不只是“雁过留痕”。

（2）管理类方法

1）抓关键少数人员的创效管理思路

管理力量及资源要素配置一次到位、不折腾；抓设计负责人、技术负责人、商务合约负责人、采购负责人等关键少数人员；配齐采购、设计、建造、计划、协调、财务、商务七个关键团队，设计、计划、建造、商务、协调五个核心职能部门；根据项目的特性，可增设其他职能部门，若不增设，应扩充该五个职能部门的职责，确保工程总承包管理相关流程角色全部落实到人。

2）“预设计、预采购、预建造”的管理方法

预设计：设计团队拿到方案图后、研究业主范围、标准、需求，形成基础设计思路。通过“三预”形成统一的造价控制思路后，再进行设计。预采购：商务线条与设计、技术一起拟定模拟清单，有了清单项就知道清单价格，再根据预设计内容计算工程量，对造价进行分析和控制，进而作出供应商采购策划方案，在项目实质性采购之前，工程总承包单位通过招议标方式与项目的潜在供方就后期的合作模式、服务内容、技术性能参数、价格等主要条件进行协商达成共识，签订标前协议、约定标前协议生效及失效条件等。预建造：技术团队根据设计思路，拟定分部分项技术方案，总平面布置及资源配置方案。

3）明确各类设计接口、物理接口、专业接口责任

设计接口是基于工作范围，通过设计接口需求，提资并确定专业分包之间的关联关系，为专业分包深化设计提供依据，最终在图纸中明确各专业接口关系。

设计阶段应提供请购计划，通过预采购实现采购前置，为设计提供详细技术参数、技术界面，又为现场施工提供技术指导。物理接口是整个项目接口管理的闭环和落地，通过工序的交接和工作面移交将合同界面转换成建造工序接口，体现在具体实施环节各专业、系统、工序施工的衔接关系。专业接口是从合同层面界定一个合同的工作范畴，涉及与其他合同的工作关联关系。接口需求规格书并非一次成形，需要“渐进明晰”地持续滚动更新，对于不明确的接口需在接口需求规格书中明确预留的条件及要求。

4）公共资源计划协调

在编制公共资源实施计划时，应项目结合合同和现场实际环境等，编制项目公共资源管理方案，说明项目各项公共资源将如何设计、采购、进出场、建造、安装、转场、运行操作、维护保养及拆除。为识别、获取和管理所需资源，以成功完成项目的各个过程，这些过程有助于确保项目经理和项目管理团队在正确的时间和地点使用正确的资源，尤其是单一来源的资源、稀缺资源、需预采购的资源、生产或运输周期较长的资源；采购工作小组在分包合同中明确专业分包在进场后使用公共资源时的相关管理流程及规定；确保各专业分包项目部能在必要时获取所需的资源，尤其是那些不充裕的关键公共资源，使他们的专业分包的工作能顺利开展，为整个项目的成功交付提供基础保障。

EPC

Excellent Management on
EPC of Construction Enterprises

第五篇
工程总承包卓越管理案例

07 设计

注重设计 提升EPC项目管理品质——重庆轨道交通九号线项目

“设计是龙头、建造是核心”，设计工作是工程总承包项目管理的核心工作，贯穿项目实施全过程。以重庆轨道交通九号线项目为例，详细阐述设计在EPC项目管理中的应用。

项目概况

1. 工程概况

重庆轨道交通九号线一期工程线路全长32.3km，其中地下线29.91km，高架线2.379公里，起于沙坪坝区高滩岩站，止于渝北区兴科大道站。共设25座车站（地下站23座，高架站2座）。项目采用EPC工程总承包模式，合同额111.8亿元，建设工期48个月。

建设单位：重庆轨道九号线建设运营有限公司。

工程总承包单位：中国建筑股份有限公司。

设计单位：重庆市轨道交通设计研究院、重庆市勘测院。

监理单位：北京城建勘测设计研究院有限责任公司。

设计审查单位：北京城建设计发展集团。

2. 合约概况

工程费用暂定人民币¥1117670.59万元，工程费用以批复概算工程费用下浮10%计算，除因地方政府、发包人提出的项目建设变更、不可抗力等因素导致外，概算下浮后的工程费用在概算和批复的初步设计图范围内包干使用，概算对应的初步设计图与施工图之间的差异不予调整。

设计范围：施工图设计阶段勘察和设计。

采购范围：所有材料设备由承包商自行采购，其中十四类系统机电设备由甲方提供用户需求书、技术规格书。

建造范围：总承包范围内的土建、装饰、轨道、通信、信号、供电、给排水、通风空调、监控系统、安防系统等全部施工工作内容，达到通车试运行条件。

3. 设计概况

招标前，设计方案规划和消防审查情况：

（1）土地规划手续：取得16项，剩余2个；

（2）方案规划审查：通过17项，剩余2个；

（3）建委方案审查：通过17项，剩余1个；

（4）消防方案审查：通过18项，剩余2个；

（5）消防初设专审：通过17项，剩余4个。

各阶段概算投资情况见表7-1。

各阶段概算投资情况　　表7-1

阶段	总投资（亿）	工程费（亿）	经济指标（亿/公里）
工可（工程可行性研究评估）	197.91	127	6.16
初设评审	213.66	134.32	6.62
初设修编	217.08	143.88	6.73
初设修编较工可变化	19.17	16.88	0.57
初设修编较工可变化百分比	9.69%	13.29%	—

总体来说，招标前设计方案已基本稳定，初步设计文件编制完成，已通过设计审查单位、建设单位的逐级审查，但初步设计未正式批复。全线房屋拆迁面积总计减少约44%，征拆费用减少约8亿元。有效提升土建空间、降低征迁难度、减少二类费用。

项目设计管理组织体系

1. 业主需求及项目分析

（1）业主需求

1）设计质量

控制设计产品质量使其满足国家相关技术标准、合同及总承包企业质量标准要求。同时工程设计质量满足建设单位提出的运营功能要求和质量要求。

2）项目总投资

项目不超批复估算金额的10%。

3）设计进度

项目定于2020年12月31日开通试运营，建设工期48个月，需满足工程建设投资计划和施工进度的需求。

4）设计安全

不发生工程结构安全、建造安全、使用安全、环境安全事故，规避功能缺失或缺陷。

5）可建造性

通过设计方案管理，设计方案利于现场实施，能够加快建造进度。

（2）项目分析

根据合同约定，重庆轨道九号线建设运营有限公司将施工图设计部分的全部权利和义务移交至中国建筑股份有限公司，中国建筑股份有限公司负责与重庆市轨道交通设计研究院有限责任公司、重庆市勘测院对接，做好项目建设的设计衔接工作。

总承包指挥部主要负责施工图阶段、施工阶段、竣工阶段对勘察设计及勘察设计相关单位等进行的协调和管理活动，包括设计策划、设计勘察、设计方案、设计进度、设计质量、设计价值工程、设计审查、设计评审、预采购、概算控制等相关设计协调和管理工作，并协调概算阶段初步设计相关工作。

2. 设计管理重难点

（1）轨道交通工程总承包项目设计管理重点

1）设计计划与施工、采购等计划高效对接。依据总承包的目标进度确定出设计计划以及设计与施工、采购等内容对接计划安排，设计与施工、采购等这些的对接计划是管理总承包项目协作过程之中更好地相互良好连贯起来。

2）设计管理为动态的工作管理。在EPC项目管理下，设计管理需要随项目的建设过程予以动态的优化调整，并服务于项目实施的每个环节，使之保障EPC项目对专业技术的需求。

3）EPC总承包模式下体现设计于整个项目实施当中的核心作用。在整个项目建设实施过程里其核心作用的表现，有助于提高工程建设的效率和经济收益。

4）EPC总承包模式明晰了项目实施中责任的主体，总承包方对项目建设的“设计、采购、施工”全过程负总责，并且对工程质量及项目中所有相关分包人履约情况负总责，这样有利于追究项目质量出现问题时责任的承担人。

（2）轨道交通工程总承包项目设计管理难点

1）项目存在超概算风险

初步设计及概算未批复，初步设计及概算编制由设计院负责，建设单位负责申报，总承包指挥部无参与权。而地铁项目大部分是地下工程，设计方案受环境、地质条件影响大，施工中存在诸多不可预见因素，变更概率高。针对概算包干的计价模式，在多边状态下，按施工图组织施工，初步设计可能被审减，存在超概算风险。

2）边界条件不稳定

工程沿线跨越重庆主城五大区，受到管线沟渠迁改、施工用地、道路规划、交通疏解、地形地貌等诸多不确定因素的影响与制约。同时轨道交通建设周期普遍较长，期间可能存在大量设计边界条件不改变、施工现场条件变化、不可抗力、设计缺陷、政策及规划变化等各种主客观因素。

3）工作界面复杂

主要表现在与周边已建（在建）项目的界限划分困难、与城市规划的市政配套及接驳冗杂、与既有公共设施的改造及合建权责归属模糊等方面。

4）协调工作量大

城市轨道交通工程的设计涉及20多个专业40多个子系统，专业跨度大，接口复杂。同时轨道交通设计管理还需与规划、市政、供电、消防、交通、通信等外部部门进行协调，还需与建设单位、设计监理、设计强审、设计咨询及各勘察设计单位之间进行协调，各方提资普遍互有冲突，因此协调工作量较大。

3. 项目设计管理组织体系

（1）总承包指挥部机构设置及人员配置

为了满足项目工期，组织协调各参建方，决定对本EPC项目实施两层架构分离，施行总承包与实施层分离管理。

总承包指挥部累计人员88名，设指挥长1名，副指挥长3名，总工程师1名，总会计师1名，总经济师1名，安全总监1名，质量总监1名，下设“八部一室”，总承包指挥部组织机构见图7-1。

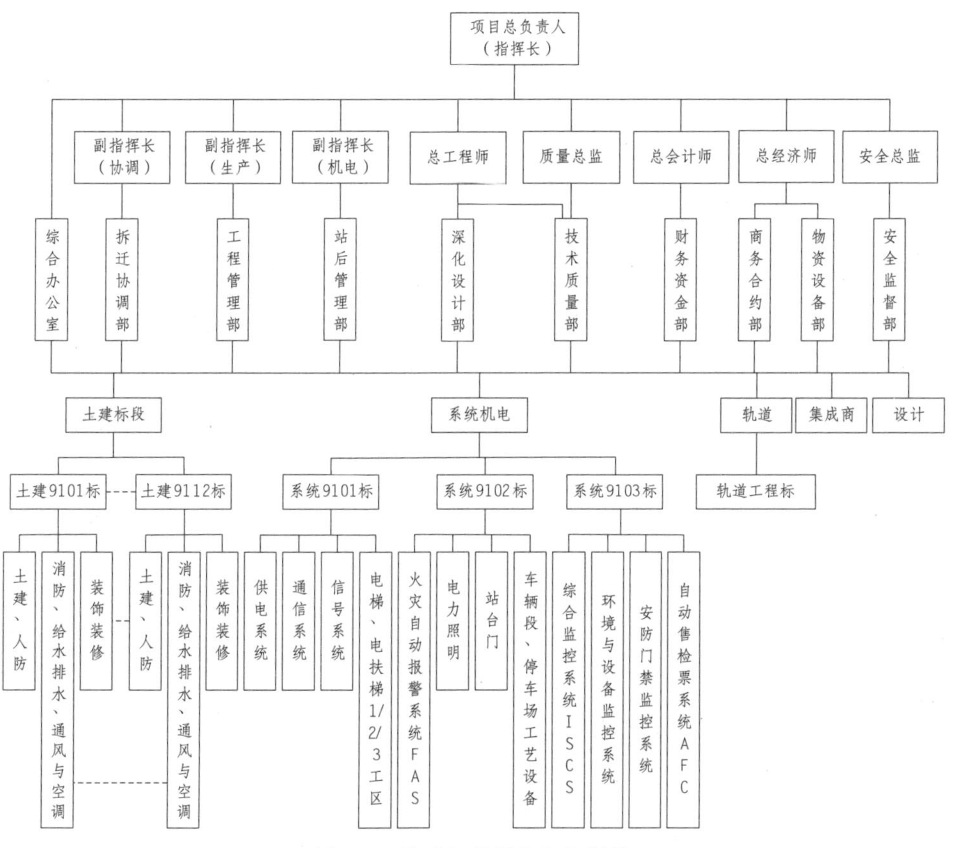

图7-1 总承包指挥部组织机构

注：全线划分为1个设计标段，12个标段土建标段，3个站后标段，1个轨道标段。

（2）设计管理体系

由建设单位负责初步设计及扩初设计，并选择具备资质的强审（外审）和咨询单位对施工图进行技术与经济咨询和规范强制条款审查，保证施工图符合初步设计与规范的要求；同时建设单位需协调政府主管部门进行施工图的报规与报批工作，完成施工图备案，以形成施工图设计流程闭环。总承包指挥部负责施工图阶段的设计总承包工作，对上负责协调建设单位稳定各项设计输入条件，并组织相应的施工图报审；对下负责传达建设单位指令和工程总承包管理指标，并选择一家轨道交通领域业绩瞩目、综合实力雄厚又具有管理能力的设计总体单位，承担系统统筹与技术协调工作，同时选择若干土建和系统分项设计单位签订各工点设计合同，作为具体的施工图设计单位。

针对项目建设模式，总承包指挥部成立深化设计部，作为设计管理的归口部门，由深化设计部联合技术质量部、商务合约部等部门协同开展设计管理工作。深化设计部负责设计的统筹管理，技术质量部负责方案可行性、可实施性及便利性的管理，商务合约部负责方案投资控制的管理，做好设计、技术及商务三部会审，做好设计进度、设计质量、设计概算及预采购四要素管理。

总承包指挥部总工程师为深化设计部的分管领导，深化设计部配编 8 人，其中部门经理 1 名，部门副经理 1 名，设计专业工程师 6 名，其中土建专业设计工程师 2 名、机电专业设计工程师 1 名、装修专业设计工程师 1 名、信号专业设计工程师 1 名、内业工程师 1 名。总承包指挥部设计管理体系见图 7-2。

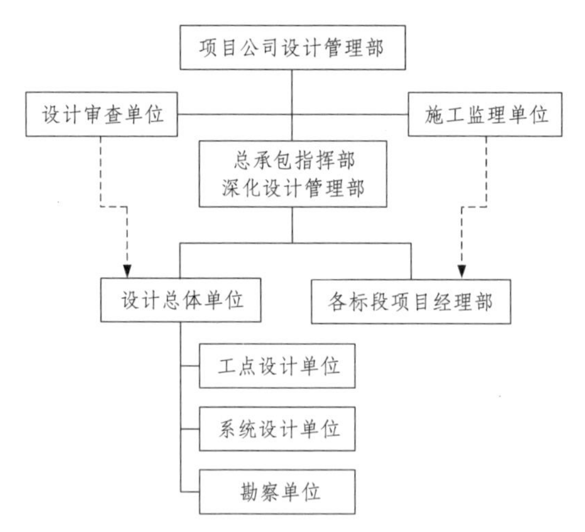

图 7-2　总承包指挥部设计管理体系

4. 设计管理原则

（1）落实建设项目目标是设计管理的准则

EPC总承包项目里设计管理需以项目设定的总目标来实现各项细化事务，如工期的安排，资源的分配，成本的控制，衔接的关系，标准的确定等，来处理各种矛盾，协调各参与方间的关系。

（2）设计组织与过程管控是设计管理的核心

组织形式对设计管理有着重大意义，合理的组织是协调及沟通的良好保障，能统一项目各成员的认识和目标；科学的组织形式便于明晰各自工作职责，可以强化各部门间的合作，可以有效地化解建设期间可能遇到的各种问题。

（3）让设计工作有条不紊进行

项目设计进行的工作任务予以明确分工并责任到人，各项工作均应按照进度安排推进，按相应时间节点完成，不应盲目赶进度，尽可能避免设计的修改变更。

（4）设计管理需有风险管理的意识

设计管理为持续较长期又复杂的进程，在项目实施过程中各参与方都应树立风险管理的认识。在设计管理中，将风险管理作为项目管理计划当中的首要环节，确保实施的可靠性以及计划的合理性。

项目设计管理运作过程

1. 前期项目报批阶段

在EPC项目中，报批报建是设计管理工作的重要组成部分。报批报建的工作进展是决定项目开工时间的重要因素之一，同时也是设计进度重要的考量标准。项目报批报建中的设计管理工作由项目深化设计部负责或配合完成。

主动对接业主单位与规划、建设等部门，组织设计总体、各工点设计配合协调、解决规划报建中出现的设计技术问题，准确抓住政府规划的意图，并按要求提交对应的报规报建所需图纸材料，保障建设项目的依法合规性。

注：全国各地的报批报建设计管理工作的具体要求会有所不同，在开展工作时应以当地相关行政部门的有关文件要求为准。

如某控制中心，设计地面标高按照规划要求比现状周边道路高出 1.1m，政府规划部门认为设计需优化后才可报规，EPC 组织设计与施工单位对现场标高进行重新测量，充分利用建筑物与周边道路间 13m 的空间，在景观设计中增加缓坡迎宾广场以及中间绿化的排水设施，消化掉地面高差，并在设计方案审查阶段邀请消防部门参与，取得消防认同，经过收集反复论证和不断沟通，方案最终成功报规。

2. 项目招标工作

常规 EPC 项目在本阶段应编制招标方案及招标进度计划表，协助业主选定招标代理机构并签订合同。可以委托招标方式确定招标代理机构，进行勘察、设计、施工、监理的招标工作。

项目立项批复后，首先进行勘察单位、设计单位的招标，由招标代理机构编制招标计划、招标文件，按计划执行招标流程，最终确定中标单位，并签订合同。勘察中标单位：某岩土工程有限公司；设计中标单位：某设计研究院。

本项目进场前设计单位已与业主签订了相关合同，项目深化设计部主要工作为制定未定的招投标计划，做好充分的市场调研，充足考虑设计分包资质、招标准备、资源组织、工作节点等所需全部时间来编制招标工作计划。

3. 勘察、设计阶段

结合项目工期总体进度要求制定勘察、设计工作进度表，督促勘察单位、设计单位按计划、分阶段完成任务。常规基础设施类 EPC 项目在确定总包单位前已完成工可及初步设计阶段工作，主要进行初步设计修编、施工图设计工作，本项目为边进行初步设计修编，边进行施工图设计，施工图设计成果“倒装”初步设计修编文件。

（1）初步设计修编阶段主要工作

1）结合实际，调整概算定额

本概算采用2016年第4期造价信息进行计价，与现阶段市场价差异较大。总承包指挥部建议采用概算编制期2017年5月（或6月）《重庆工程造价信息》人工、材料价编制概算。

针对隧道开挖和二衬回填混凝土工程数量计算问题。根据《重庆市城市轨道交通工程计价定额》第三册隧道工程第一章开挖与初支工程量计算规则第一条：隧道的平洞、斜井及竖井开挖与出渣工程量按设计图示断面尺寸，另加允许超挖量以立方米计算。光面爆破允许超挖量：拱部为15cm，边墙为10cm；一般爆破允许超挖量：拱部为20cm，边墙为15cm。设计图示尺寸已表示各类型断面预留变形量，故开挖及出渣工程量应以包括预留变形量的图示断面为基础另计包含允许超挖量，总承包指挥部提请建设单位核实计列；根据隧道工程设计及施工工艺要求允许超挖部分混凝土回填应采用喷射混凝土回填，允许超挖部分应按喷射混凝土回填计列；预留变形量受地质条件等因素影响具体变形水平不等，建议结合重庆轨道类似工程变形水平，计列剩余预留变形回填工程数量，一般可按预留变形量的50%计列，总承包指挥部建议采用二衬同标号抗渗混凝土回填。

针对桩芯混凝土浇筑量问题，根据2011《重庆市城市轨道交通工程计价定额》第一册第2章工程量计算规则第三条第1小条：灌注混凝土桩桩芯，混凝土按单根桩设计桩长加250mm，承桩设计断面以立方米计算，总承包指挥部建议建设单位核实计列。

2）梳理错漏，“做大、做全、做实”初步设计概算

总承包指挥部组织各标段、设计单位对初步设计文件错漏问题进行统一梳理，牵头成立工作领导小组、专家小组、执行小组的工作机制，组织内外专家团队对重大风险点技术方案及概算编制风险点进行梳理，形成意见200余条，多次组织建设单位、设计单位召开概算修编专题会。

充分发挥EPC工程总承包模式“设计施工一体化”作用。与初步设计评审版对比，车站主体建筑规模增加3293m^2；车站附属建筑规模增加1583m^2；车站施工通道长度增加86m；区间施工通道长度增加296m；征地拆迁量减少44.9%，

约 31705m^2。在概算修编方面，梳理出共性及主要重大个性问题 161 项，其他个性问题 1422 项，涉及费用调整约 22 亿元，通过沟通，设计院同意调整问题占比 92%。

初设修编后概算总额为 222.5 亿，较工可批复概算增加约 12.42%；建安费 143.73 亿元，较工可批复增加约 13.46%。总承包指挥部共提出了累计 100 余份施工图设计优化建议和意见，优化费用达 8656 万元。通过限额设计，投资减少 5457 万元。

3）费用转移，控制概算总盘

总承包指挥部配合设计院全面系统的对全线各征拆点进行梳理，提前与产权单位对接，厘清征拆难点、卡点，与设计单位沟通，尽可能通过调整设计方案达到设计避让，在保证正常推进的同时，减少征拆费用，将工程建设其他费用向工程费用转移。

如高天沙段区间线路初步设计方案穿越重庆市第三军医大学建设用地，由于军事用地征用程序复杂、时间久、成本高、施工过程技术要求高。项目进场后，总承包指挥部与第三军医大学主动沟通协调，并组织召开专家论证会，通过调整设计方案避让军事用地，为后续下穿家属区区间工程建设创造了良好条件。同时征地费用降低，建设单位接受，功能没有改变，规划接受，同时施工条件极大改善，分包方很满意。

通过设计方案调整，本项目共计减少拆迁 106350m^2，减少二类费用，转移费用约 8 亿元。

（2）施工图设计阶段

1）限额设计管理

一是组建团队，奠定基础。总承包指挥部组建初就与中建技术中心签订了技术服务协议，由中建技术中心派驻专业团队，配合深化设计部负责设计优化工作。

二是统一思路，明确原则。优化应以保量增效为手段，优化创效更多应以效益平移，严禁盲目优化，严禁采取弱结构、降等级的低级手段进行创效优化，规避审计风险，同时还遵循同样收入，效益为先；同样效益，工期为先；同样工期，便于现场施工为先的原则。

三是深入研究，全面策划。总承包指挥部组织相关部门及各标段，基于初步设计方案，结合设计经验、国内外类似工程设计案例、地质环境条件等因素，对区间隧道、大跨度暗挖车站、管片结构设计等分别研究，编制了“重庆轨道交通九号线施工图设计优化建议书”。

四是专家论证，技术支撑。总承包指挥部邀请中建集团内部、工程院院士、设计大师和外部行业专家召开施工图设计优化方案评审会，确保方案更科学、更先进，为优化创效提供强力技术支撑。

五是过程督导，优化落地。以“施工图设计优化建议书”为基础，结合优化策划及专家意见，在出图前，总承包指挥部与设计院进行面对面沟通及交底，在审查过程中，总承包指挥部组织各标段对优化意见落实情况进行审查，确保优化方案落实到位，做小施工图成本。

①限额设计管理原则

A. 施工图限额设计应在满足初步设计审定的技术标准及规范规定的性能指标、确保工程安全与质量前提下进行，严格控制工程造价出现过大变化。施工图设计限额指标为工点 / 系统的直接工程费用。

B. 施工图设计限额原则上依据审批的初步设计概算进行。在初步设计文件未审批之前，可暂按上报政府相关部门的初步设计文件作为依据。

C. 指挥部以审定的初步设计概算下达施工图设计限额目标，监控施工图限额设计管理过程，监督施工图设计限额目标的执行情况，对施工图限额设计目标的调整和管理效果奖罚做出最终决策。

D. 施工图设计限额总目标为不突破审批的初步设计概算。设计总体应在日常施工图限额设计管理中重点加强工点 / 系统施工图限额设计管理，特别要加强单项工程的施工图限额设计管理，原则上每册施工图设计文件均不得突破对应的初步设计概算。但因某些工点 / 系统建设过程中施工图设计可能存在超概算的问题，为实现施工图设计限额不突破初步设计概算总目标，在限额设计日常管理过程中每册施工图文件原则上暂按初步设计概算下浮 3% 作为控制指标。

②限额设计管理流程

A. 指挥部以审定的初步设计概算下达施工图设计限额目标。

B. 设计总体根据指挥部下达的施工图设计限额目标编制限额设计计划，提出限额设计控制指标（含工点 / 系统分项控制指标），提交给指挥部审批。

C. 指挥部对设计总体提交的限额设计计划及限额控制指标进行审批同意后，下发给设计总体。

D. 设计总体根据指挥部审查意见修改后下达限额设计计划及限额设计控制指标至各工点设计单位。

E. 工点设计单位参照限额设计计划及控制指标对设计人员进行交底，编制施工图。

F. 工点设计单位编制限额设计执行情况报告，提交给设计总体。

G. 设计总体单位根据工点设计单位的限额设计执行情况报告编制限额设计审核报告，上报指挥部。

H. 指挥部对施工图及限额设计审核报告同时进行审查。

I. 指挥部将审查意见下发设计总体，进一步完善施工图设计。

③限额设计审批权限

指挥部商务合约部负责施工图限额设计审查，深化设计部负责监督落实。工程造价变化及其审批权限见表 7-2。

工程造价变化及其审批权限 **表 7-2**

审批人	审批内容	备注
指挥部商务合约部	单项工程造价增加额小于或等于初步设计概算 1% 或 20 万元、单位工程造价增加额小于或等于初步设计概算 1% 或 100 万元	需上报指挥部主管商务合约副指挥长
指挥部主管商务合约副指挥长	单项工程造价增加额在初步设计概算 1% ~ 3% 之间（含 3%）或在 20 万 ~ 60 万元之间（含 60 万元）、单位工程造价增加额在初步设计概算 1% ~ 2% 之间（含 2%）或在 100 万 ~ 200 万元之间（含 200 万元）	需上报指挥部指挥长
指挥部指挥长	单项工程造价增加额在初步设计概算 3% ~ 5% 之间（含 5%）或在 60 万 ~ 100 万元之间（含 100 万元）、单位工程造价增加额在初步设计概算 2% ~ 3% 之间（含 3%）或在 200 万 ~ 300 万元之间（含 300 万元）	
其他	当工程造价超出较多时，应对设计方案的变化依据及方案合理性进行严格论证	必要时应邀请行业内权威专家召开专题论证会

④限额设计奖惩办法

设计单位在优化设计中采用先进技术、新型材料，在满足限额设计基础上取得明显的经济效益，经指挥部组织有关专家审查确认后，指挥部将根据工程费用的节约情况，给予设计单位奖励。

A. 当单项工程造价降低时，给予降低额度 3% ~ 5% 的奖励。

B. 当单位工程造价降低时，给予降低额度 2% ~ 3% 的奖励。

C. 当工程总造价降低时，给予降低额度 1% ~ 2% 的奖励。

单位工程奖励总额度不超过其下单项工程奖励额度之和，工程总体奖励总额度不超过各单项工程奖励额度之和。

对因勘察设计单位原因引起的工程造价超出，项目指挥部将对总体单位、工点设计单位及勘察单位给予处罚：

A. 当单项工程造价超出时，给予超出额度 3% ~ 5% 的处罚。

B. 当单位工程造价超出时，给予超出额度 5% ~ 10% 的处罚。

C. 当工程总造价超出时，给予超出额度 10% ~ 15% 的处罚。

单位工程处罚总额度不超过其下单项工程处罚额度之和，工程总体处罚总额度不超过各单项工程处罚额度之和，且不超过勘察设计总费用的 50%。

⑤限额设计成果

车站、区间一般土建造价控制指标见表 7-3。

车站、区间一般土建造价控制指标　　表 7-3

项目	部位	造价指标	备注
车站	主体结构	9500 元 /m^2	地下两层，含地面建筑、路引、装修等
	风道及出入口	8500 元 /m^2	
	地下连续墙	2700 元 /m^2	
	钻孔桩	2200 元 /m^2	
	开挖土方	120 元 /m^2	含支撑降水
区间	盾构标准段	8.5 万元 / 双延米	不含联络通道泵站
	渣土开挖	2.4 万元 / 延米	
	管片拼装	1.5 万元 / 延米	

区间明挖法参照车站指标进行控制。

为了保证投资的合理性、经济性，有效地开展限额设计是必要的，对此，本项目采取了以下措施开展限额设计工作。

A. 优化车站规模

对站厅层、站台层及设备用房进行合理布置，在不影响使用功能的前提下，尽量减小车站建筑面积。

B. 选择最优施工方法

在保证施工安全的条件下，要严格控制地基加固费用和围护结构入岩深度。合理选择钻爆区间开挖工法，避免投资大幅度增加。

C. 车站结构尺寸

覆土厚度在3m左右的标准地下两层车站，顶板厚度0.9m，中板厚度0.4m，底板厚度1.0m，侧墙0.6m；三层车站底板厚度1.1m，一层侧墙0.6m，二、三层侧墙0.7m。

D. 车站、区间一般设计钢筋含量

车站区间一般设计钢筋含量见表7-4。

车站区间一般设计钢筋含量 **表7-4**

项目	部位	含钢量指标	备注
车站	顶板和墙	180kg/m^3	
	中板	200kg/m^3	
	底板	160kg/m^3	
	柱	350kg/m^3	
	底、顶板纵梁	260kg/m^3	
	中纵梁	280kg/m^3	
	站台板	120kg/m^3	
	连续墙围护	140 ~ 150kg/m^3	
	钻孔桩围护	120kg/m^3	
盾构区间	盾构管片	160kg/m^3	
	暗挖初衬	120kg/m^3	
	暗挖二衬	100kg/m^3	
明挖单层区间	底板	160kg/m^3	
	顶板和墙	170kg/m^3	

明挖双层区间同车站控制指标。

如高滩岩站后区间隧道初步设计方案在单渡线范围内采用大跨度断面，开挖跨度达23m，长度为37.982m。原设计平面图及大跨度断面衬砌，此地段地质条件较好，隧道埋置深度较大，采用大跨度隧道从技术上虽然可行，但存在施工风险高，施工进度慢，工程造价高等问题。结合站后按单渡线布置参数，在保证平纵线位不变的条件下可将其调整为两个分离式单洞结构，可大大减少对地面环境的影响，减小施工难度，充分保证施工安全，减少工程投资300余万元。

如本项目全线暗挖车站推荐的施工方法均为双侧壁导坑法，该施工方法在实施过程中具有一定的局限性，指挥部将有条件的暗挖车站开挖工法由双侧壁导坑法优化为“卢氏拱盖法”。该工法相比于双侧壁导坑法具有施工环境安全可靠、施工步骤少、效率高等优点，更能合理地利用重庆地层完整性高、稳定性较好的特性，实现高效施工。该方案缩短工期3个月，减少工程投资245万元。

2）设计进度管理

①梳理里程碑及关键控制节点

总承包指挥部梳理工程里程碑关键控制节点，倒推设计进度，理清了项目从策划到交付使用的整体建设时序。各专业设计完成、施工图设计完成、建设工程施工许可证、土建工程完成等节点梳理以建设单位交付使用需求为基准，通过建设单位需求梳理，锁定进度计划的起始节点。里程碑节点见表7-5。

里程碑节点　　　　表7-5

阶段	时间节点
洞通	2019年8月30日
轨通	2019年11月30日
电通	2020年2月29日
试运营	2021年1月31日

一是以施工需求及总工筹为基础，以《施工图勘察设计管理办法》为抓手，分阶段制定出图计划，专人跟踪出图进度并根据现场进展，及时调整出图计划，重点突击现场急需图纸。二是积极对接主管部门，协调稳定设计方案，确定设

计边界条件，及时制定出图计划并下发设计院执行。三是结合重庆地区以往建设经验，在主管部门及参建各方的认可下，变通出图方式。四是专人跟踪协调设计审查单位，尽快出具审查意见，缩短出图周期。

②为设计单位稳定各项目设计输入条件

设计输入条件主要难点包括：征拆影响勘察物探资料滞后、外部单位提资缓慢或不明确、运营需求变化大，这点在重庆市轨道交通九号线一期工程项目前期体现尤为明显。

如某综合办公楼，因运营未明确房间布局，提资缓慢，导致建筑、装修、机电施工图严重滞后，直接导致工期滞后一个月，为及时解决问题，总承包指挥部一是积极对接建设单位及政府监管部门，协调明确运营单位施工图纸的审阅权限，规定十个工作日内未出具正式意见则视作无意见；二是要求设计单位派驻专人于运营单位蹲点办公，提高沟通效率；三是对涉及运营可能提出意见的施工图（主要为建筑、装修、机电），将计划节点提前，以预留一定的容错时间调整方案。

3）设计质量管理

①勘察设计质量控制

为控制勘察设计质量，总承包指挥部制定项目勘察设计质量控制原则。

A. 确保各项基础资料完整、准确、合格，并充分满足设计要求。

B. 遵守勘察设计工作的原则和程序，严格执行国家、行业的有关规程、规范和工程建设强制性标准。

C. 选用的勘察方案与勘察内容、地形地质条件匹配；设计方案经济合理、安全可靠，并具备可实施性。

D. 设计文件的内容和深度符合国家、行业规定，满足施工要求。

E. 设计单位对重要方案应进行技术经济比较，安全风险较大地段应进行风险评估。

②勘察设计文件审查

A. 工点设计组提交的设计文件经设计单位总体审查签字提交总承包指挥部审查。

B. 总承包指挥部深化设计部组织设计、商务、建造三部会审。

C. 总承包指挥部组织各分包、设计咨询单位、外部设计专家对设计总体提交的设计文件的审查，若发现文件有设计缺陷，指令设计单位限期补充完善直至合格为止。

D. 总承包指挥部审查通过后再提交设计监理审查、强审单位审查。

E. 总承包指挥部将各方审查意见发给设计单位，设计单位在收到审查意见后的 5 天内，应按照设计审查意见修改完善，逐条落实审图意见。

F. 总承包指挥部并根据需要组织专家会针对设计中存在的技术问题进行咨询和审查，专家审查意见和报告通过总承包指挥部统一发出，总承包指挥部将此类重大技术方案作为管理重点。

③施工图审查

施工图审查流程见图 7-3。

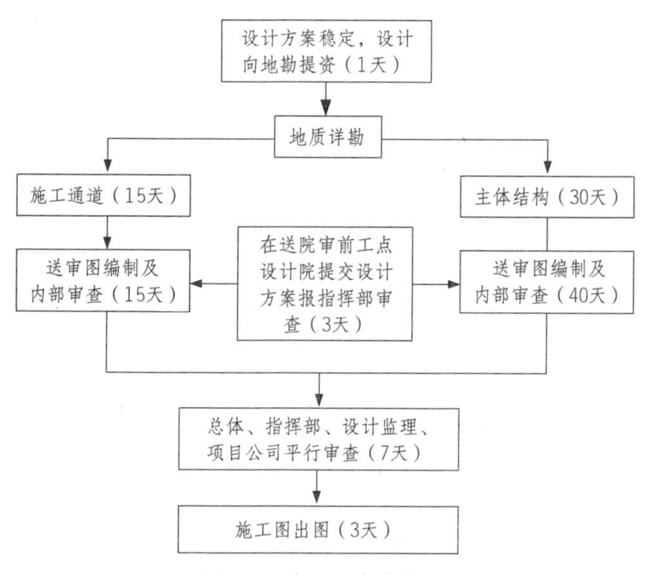

图 7-3 施工图审查流程

④施工图设计交底及会审

设计交底及图纸会审流程见图 7-4。

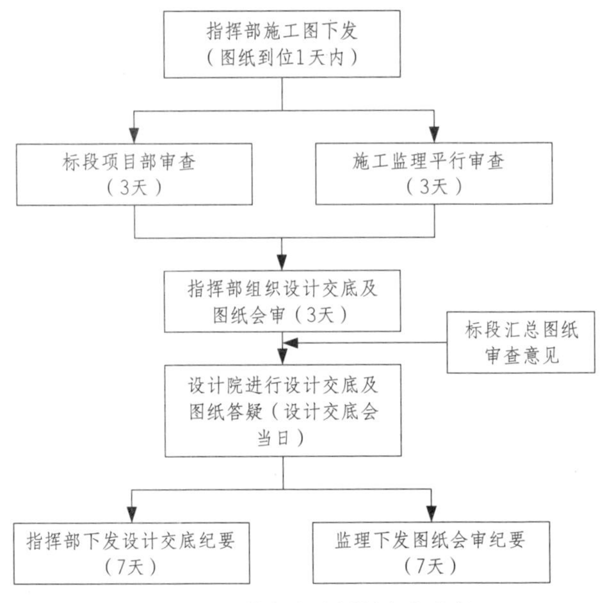

图 7-4 设计交底及图纸会审流程

⑤设计质量管理成果

编制设计定义文件及设计指导书，通过设计前交底、设计中把关及设计后审查，内部审查做到三部会审，组织好各方集中会审，并加快设计分包管理，梳理出差错 867 条，修正设计参数 567 项，使工程设计质量满足建设单位提出的使用功能要求，同时减少过程变更。

在部分工点初步设计方案未稳定的情况下，积极对接设计院、项目公司，先后编制并上报项目公司各类请示报告 50 份，下发设计院各类通知 40 份。组织召开专家咨询会 7 次，组织指挥部施工图设计方案审查会及设计施工协调会 50 余次，狠抓质量控制。提交项目公司、监理单位及各标段正式施工图文件 261 册，审查施工图送审稿 326 册，完成设计交底及图纸会审 214 册，满足现场施工需要。

4）设计接口管理

轨道交通各专业间接口多、系统性强、差异性大，共有土建、装饰、轨道、通信、信号、供电等 21 个专业，其接口管理工作贯穿整个设计、采购、施工、联调及试运行各个阶段，导致接口管理协调工作面广量大，需多方联络、沟通配合，工作难度大。

为推进各专业接口的有序管理，有序开展接口施工，从以下三个方面开展工作：

①健全组织体系，有序开展协调管理

一是成立接口协调管理小组对各专业接口进行管理。二是在各标段设置专人负责接口协调工作。三是组织编制接口管理实施方案，明确管理原则、界面划分、工作流程及协调机制。

②加强设计沟通，完善专业接口对接

一是明确各专业接口分界点及接口实施方，推进接口从设计层面完善。二是明确提资要求和时间节点。三是做好接口设计校核工作，确保设计接口准确性。

③加强过程管控，协调专业接口管理

一是提前介入接口协调管理。二是实时跟进工程进展。三是做好接口施工的技术质量交底。

如某高架区间上跨省高速公路，EPC 协调工点设计单位对悬浇的 0 号块临时锚固进行最不利组合下的工况分析，保证墩柱及挂篮系统施工的稳定性，完善设计补充措施保障危大工程施工安全；

又有某盾构区间施工误差较大造成局部侵限，EPC 组织土建、轨道、供电、线路、限界各专业设计进行研讨，提出三种解决方案，邀请行业专家咨询后确定谐振式组合道床结构型式，安排集中办公调整隧道线路设计，成功通过接口深化设计消除施工误差影响，EPC 设计与施工协调核心即为让设计指引和服务施工，也让施工建议反馈设计，寻求安全生产、施工便利、降低成本、缩短工期的协调统一。

如地铁车辆段设有两条市政下穿道路，但市政建设推进速度较慢，为确保车辆段建设不受影响，EPC 先是委托当地规划院绘制管线综合图纸，利用其当地权威性协调稳定管综（管线综合）平衡方案，再联合业主积极对接区政府，承担车辆段红线范围内的市政代建，并将下穿道路的施工图设计发包给车辆段的结构设计院，同时组织当地知名专家评审车辆段与下穿道路的结构、给排水设计方案，侧面提高当地市政部门对设计文件的可接受度。

5）预采购管理

①预采购管理分工

项目深化设计部根据施工图纸要求以及施工总进度计划提供相应的建筑材料及设备采购清单，确定主要设备技术参数并在设计中体现。

项目商务部根据主要设计参数确定供货商范围，在设计出图前完成定价与招标。

各部门共同确保现场施工有序进行。

常规物资采购，需通过招标、设计联络、施工图出图、设备排产等一系列流程，遇上设备材料种类多时，在招采流程上将耗费过多时间，甚至影响施工工期。为了有效提高物资供货效率，指挥部根据以往设计经验，结合施工图纸要求以及施工总进度安排，确定可预采购的材料及设备采购清单，核算主要技术参数，并提交设计院确保在设计出图时写入设计文件，由物资招采部门根据主要技术参数，预先选定主要材料设备供应商，在设计出图前即可完成定价与招标，提前锁定价格和采购下单，从而达到现场施工有序进行，实现缩短工期、节约成本的目的。本项目中低压配电系统由于牵涉下游机电系统复杂、设备种类多，且有较多商业开发负荷，因此在设计初期，无法准确确定各回路的实际负荷。如若将出图时间后移，将对整个工期造成影响；而若按照初期设计容量提前出图并进行招标，这将可能造成所招设备与实际需求不匹配造成后期变更。指挥部利用设计经验，提前提供设计参数按照元器件单价模式开展预采购，既保证了设备招标进度，为后期设备供货提供足够时长，又能保证设备到货时间基本一致，避免了不同时到货的重复吊装装运，降低施工成本，同时还通过单价管控，避免了后期变更时产生成本无法控制的情况。

②预采购分析

对于型号、技术特征可以预先确定，不需设计图的材料、设备；对于采购数量大，可以分批购买的材料、设备；以及采购周期长的材料、设备可以实施预采购。根据以上原则进行分析，本项目确定近60种材料、设备需进行预采购。预采购设备计划见表7-6。

预采购设备计划　　表 7-6

专业名称	设备材料名称	理由	优势
动力照明	电缆	数量大、种类多	各站数量、型号可以互用，节约时间
给排水及消防	支吊架	数量大	现场可以提前预制，节约时间
通风空调	支吊架	数量大	现场可以提前预制，节约时间
轨道	轨枕、钢轨	数量大	节约运输时间，降低成本
变配电	镀锌槽钢、扁钢、角钢、不锈钢螺栓、膨胀螺栓	数量大，全线不同站点可以调剂	节约时间，可以合理安排劳动力，降低成本
站台门	304L 不锈钢板、玻璃原片、结构胶和密封胶、电缆	种类多，数量大，全线各站点可以调剂	节约时间和可以合理安排劳力，降低成本
信号	光电缆、室内线缆、继电器、断路器	种类多、数量大，全线各站点可调剂	降低材料的生产周期对工期的影响，可以合理安排劳动力，降低成本

③预采购管理成果

本项目中低压配电系统由于牵涉下游机电系统复杂、设备种类多，且有较多商业开发负荷，因此在设计初期，无法准确确定各回路的实际负荷。如若将出图时间后移，将对整个工期造成影响；而若按照初期设计容量提前出图并进行招标，这将可能造成所招设备与实际需求不匹配造成后期变更。总承包指挥部深化设计部利用设计经验，提前将设计参数提交给商务部和物资设备部开展预采购，既保证了设备招标进度，为后期设备供货提供足够时长，又能保证设备到货时间基本一致，避免了不同时到货的重复吊装装运，降低施工成本，同时还通过单价管控，避免了后期变更时产生成本无法控制的情况。

4. 施工阶段

定目标，有序可控。指挥部牵头，协助各标段逐工点进行方案梳理，通过施工方案落地明确各工点进度指标及工期目标，确保设计方案满足施工的需要。按关键、重要和一般实行分级督导，执行工期预警机制，确保工期整体可控。

强考核，扬先促后。通过每月常态化开展“超英杯”劳动竞赛活动，内部比选出先进工点开展全线观摩等举措，在全线营造“比、学、赶、帮、超”良好氛围，形成推进九号线建设大干、快干、苦干、实干的强大合力。

5. 设计变更管理

（1）设计变更管理总体思路

根据合同条件，本项目为概算总价包干，总承包指挥部针对设计管理的总基调为：尽可能争取施工图设计负变更，严控施工图设计正变更。

对于施工过程中遇到必须要实施且涉及费用增加的变更，指总承包指挥部牵头，分层对接，加强与建设单位、设计单位、监理单位的沟通，从初步设计不足、外部环境变化、有利于施工安全、提高工程质量、有利于后续运营等原则出发，提出合理建议，据实沟通，促使建设单位、设计单位、监理单位等提出变更意向，按合同约定增加费用。

将工程变更分为设计变更、采购变更和施工变更三大类。设计变更、施工变更对口管理部门为总承包指挥部深化设计部；采购变更对口管理部门为总承包指挥部商务合约部。

（2）设计变更管理成果

1）原设计方案

某区间线路总长 918m，明挖段长 315.24m，明挖区间下穿隧道段采用直径 1200mm@900mm 套管咬合桩作为基坑围护结构，桩型共分七种，桩基根数为 363 根。基坑范围内左线长 132.091m，右线长 116.211m，深 21.8 ~ 26.5m，宽 13.8 ~ 30.3m。

2）变更调整原因

明挖区间下穿既有隧道段套管咬合桩施工过程中，桩基成孔时发现地质条件复杂，砂层里面石英石含量较高，并且夹杂大块石英卵石，黏土层内含全断面风化花岗岩孤石，导致成桩垂直度无法有效控制。围护结构套管咬合桩设计采用桩径 1200mm@900mm，钢筋保护层厚度 70mm，一序桩钢筋笼距离二序桩的最小间距只有 65mm。且根据《广东省建筑基坑支护工程技术规范》

DBJ-T15-20-2016要求，咬合桩垂直度宜控制在0.003，但实际施工过程中为保证套管不会咬到一序桩钢筋，需要把成桩垂直度控制在0.0075mm内，则现场施工精度无法满足上述要求，施工难度较大。

另外，由于套管咬合桩设备占地大，功效低，一台套每天仅能完成一根桩。且该区间施工场地狭小，施工设备作业空间非常有限，无法组织大量设备进场施工，在工期本身已经很紧张的条件下，无法有效保证施工进度要求，故须对该维护结构施工工艺进行调整。

3）变更后设计方案

围护结构套管咬合桩调整为连续墙或调整桩径为大小桩两种方案，根据现场试验槽段情况，反映连续墙施工顺利，且施工效率较高，有利于工期保证。经过建设单位审查，同意将明挖区间下穿既有隧道段围护结构由套管咬合桩变更为地下连续墙。连续墙以4～5m分幅进行成槽，混凝土强度等级、墙厚与原咬合桩保持一致（A型、B型桩对应1200mm厚连续墙，C型、D型、E型桩对应1000mm厚连续墙，F型、G型桩已施工），钢筋笼调整为地连墙方形笼，采用焊接工字钢作为接头。

4）变更后成果

在总收入不变的前提下，优化后的基坑围护结构节约成本135万元，节省工期8个月，比原方案有较大优势，且结构安全及基坑稳定性仍能满足设计要求，设计变更汇总见表7-7。

设计变更汇总　　**表7-7**

序号	工点	变更名称	变更类别	变更原因	原设计情况	变更内容
1	车站或区间施工通道	施工通道衬砌设计	Ⅲ类	处于回填土区，开挖土体自稳性差，为防止二次衬砌施工完成前，初支结构出现过量的下沉，其断面改用“喷射混凝土＋钢架结构”形式以及时进行封闭	复合式衬砌	复合式衬砌改双层初支

续表

序号	工点	变更名称	变更类别	变更原因	原设计情况	变更内容
2	红岩村站	主体结构开挖工法由双侧壁导坑法变更为初支拱盖法	Ⅳ类	双侧壁导坑初期支护全断面封闭时间长，工序复杂，施工组织困难，废弃工程量大，开挖中隔墙时爆破存在一定安全风险。现场揭示围岩地质较好、完整，在满足安全要求的前提下，变更能提高工效	双侧壁导坑法	开挖工法变更为初支拱盖法
3	富华区间	富华区间开挖工法调整	Ⅲ类	揭示围岩地质较好、完整，在满足安全要求的前提下，变更能提高工效、利于现场施工组织	CD 法	正台阶法
4	小土区间	小土区间工法调整	Ⅳ类	单洞单线段围岩较完整，未见地下渗水，自稳能力好，在满足安全要求的前提下，变更能提高工效、利于现场施工组织	二台阶法	改为全断面开挖法
5	小土区间	小土区间 D1 断面开挖工法调整	Ⅱ类	小土区间施工通道 D1 断面围岩整体较完整，未见地下渗水，在满足安全要求的前提下，变更能提高工效	CRD 法	二台阶法
6	鲤刘区间	区间暗挖段爆破开挖改悬臂掘进机开挖、增加能满足悬臂掘进机通行的斜通道	Ⅰ类	区间隧道爆破施工段两侧为住宅小区，政府相关部门及周边居民强烈反对爆破施工，采用炮机破除、钻孔+劈裂等多种施工工艺效果均不理想，建议调整为悬臂掘进机开挖。鲤刘区间断面小，宽度仅为 6.6m，施工需增加能满足悬臂掘进机的斜通道	爆破开挖	1. 改悬臂掘进机开挖； 2. 增加能满足悬臂掘进机通行的斜通道
7	青岗坪站	围护结构钢支撑和钢围檩材料由 Q345 变更为 Q235	Ⅳ类	1.Q345 钢支撑市面无租赁，需要从厂家订制采购，增加施工成本； 2.Q345 双拼 I45C 市场无成品，需单独购置原材自行焊制，焊接质量难以保证	原材质为 Q345	青岗坪钢支撑和钢围檩材料由 Q345 变更为 Q235
8	上青区间	上青区间突发涌水抢险	—	上青区间突发涌水	—	增加抢险措施

存在问题及相关思考

1. 存在问题

（1）部分工点方案不稳定影响项目推进的问题

1）设计边界条件不稳定

部分工点设计方案不稳定，影响施工图设计及现场施工。如新桥停车场与市政道路共建方案未确定及上盖物业方案的影响，设计边界条件不稳定，影响施工图设计工作的正常开展。

2）部分附属结构与周边开发结合方案不稳定

部分附属结构受周边地块开发结合问题、超长出入口通道消防审查问题、房屋拆迁、用地协调问题的影响，方案不稳定，规划用地红线无法批复，影响项目正常推进。如观音桥站位于江北区商圈，3 号出入口涉及大量房屋拆迁，换乘通道施工时需临时占用市政下穿道，用地协调困难，方案不稳定。

（2）初步设计及概算未批复引起的问题

初步设计及概算因规划审批、局部线路调整等各种客观因素仍未上报政府主管部门。

1）施工图设计合规性问题

因初设未批复，存在“边初步设计报批、边施工图设计、边施工”等问题，给总承包部开展施工图设计管理及相关优化工作造成不利影响，施工图设计工作存在合规性问题。

2）工程变更程序问题

工程变更是针对施工图设计的变更，但在初步设计未批复的情况下，设计院无法提供正式施工图设计。总承包部采用设计院提供的施工图文件（非正式施工图）组织现场施工，施工过程中的工程变更程序无法正常启动。

3）施工计量计价问题

本项目合同约定按概算计价，因概算未经发展改革委批复，暂按投标清单计价，投标清单单价与概算单价有一定的差异，导致过程计价不准确，不利于施工过程中造价控制工作，同时因变更程序未完善，变更部分工程也得不到正常计量，导致项目计量金额滞后于现场完成产值，资金压力较大，对现场施工生产有一定影响。

4）初设审批风险

由于初设尚未批复，但现场已在进行施工生产，如初设在审批过程中出现部分方案未通过但现场已实施的情况，由此引发的损失总承包部难以承担，将会引发合同纠纷。

5）系统设备招标问题

本项目组织开展系统设备招标，因初设及概算未批复，设备招标清单和招标限价难以最终确定，系统设备招标工作也受到影响。

（3）施工图设计优化面临的风险问题

EPC 工程总承包模式下施工图设计优化的前提是初设及概算获得政府相关部门正式批复。但该项目受客观因素（如：新桥加站、九号线与 5A 线共建等）初设及概算未报批，因此开展施工图设计优化工作存在一定的风险。设计单位为了控制投资概算，导致施工图设计优化的部分成果被“倒装”到初步设计中（如：土红区间隧道断面及盾构管片用钢量等施工图设计优化）。

2. 相关思考

伴随我国经济的高速发展，EPC 总承包模式在充分展示其优势后，必将成为轨道交通乃至其他基础设施工程建设的发展趋势。该模式下的项目管理给总承包方提供设计优化创效的同时，也存在一些风险和不足。

（1）全专业、全过程设计管理亟需加强

随着全国各大城市轨道交通的快速发展，EPC 总承包模式下的设计管理专业人才数量本身就少，难以满足企业发展的需求，需快速加强相关专业人才的培养，管理队伍的建设，需重视项目全专业、全过程设计管理工作，为设计优化创造更大、更广的空间。

（2）重视设计院的选择

在我方进场前就已选定本项目设计院，其社会背景及技术水平导致设计优化工作受限。今后的EPC总承包项目需约定，施工图设计阶段，乃至初步设计阶段的设计院由总承包方选择，由总承包方指导初步设计及施工图设计工作的开展。

（3）重视初步设计及概算批复

项目处于边初步设计及概算修编、边施工图设计、边现场施工状态时，项目业主为了控制投资概算，施工图设计图纸倒装至初步设计文件中，设计优化成果被“吞噬”。因此，初步设计批复是设计优化工作开展的重要前提。

（4）重视审计风险

EPC工程总承包项目不排除有增加费用自己兜底、节省费用拿不到的情况。传统上，政府自建项目是按“图”履约，按“量”结算，但对于EPC工程总承包项目应按“约”履约，按“约”结算。地方审计部门在面对EPC工程总承包项目时往往并非按“约”履约仍旧采用按“量”审计的方式，以审计结果作为工程竣工结算依据，尤其面对固定总价承包的项目仍习惯于按工程量来“打开”审计。因此，即使初步设计及概算获得批复，对于工程总承包方仍存在审计风险，即施工图设计优化部分有可能被审减掉。

08 协调

加强协调 促进 EPC 项目优秀履约品质——重庆龙洲湾项目

工程总承包不是一般意义上的设计、采购和施工环节的简单叠合，重视运用总承包的协调组织能力，即协调设计、采购、施工的深度融合，协调接口管理，协调外部环境，其协调能力即管理能力。以重庆市龙洲湾隧道项目为例，详细阐述协调在 EPC 项目管理中的应用。

项目概况

1. 工程概况

龙洲湾隧道项目位于重庆市巴南区，起于教育大道，止于南彭物流基地东城大道，全长8.06km，采用双向6车道，设计时速60km/h，主体工程包括隧道3座、立交4座、桥梁及下穿道各一座。将突破铜锣山及云篆山的阻隔，打通两端"断头路"，通过五大互通（内、外环、渝湘高速、渝黔高速、渝南大道），联络起重庆市综合交通规划纵线，向西联系江津、铜罐驿和西彭等，向东联系渝东片区，向北联系南岸茶园片区，实现十大片区之一的龙洲湾滨江片区大融合，推动铜锣山两翼协调发展，显著加强鱼洞组团、龙洲湾新区与界石组团、南彭公路物流基地的联系，带动云教育、职教城、红炉片区等周边区域发展的需要，完善南彭物流基地基础设施及骨架路网的完善，促使巴南区实现"水、陆、空、铁"多方式联运，有着极为重要的建设意义。龙洲湾隧道工程区位关系见图8-1。

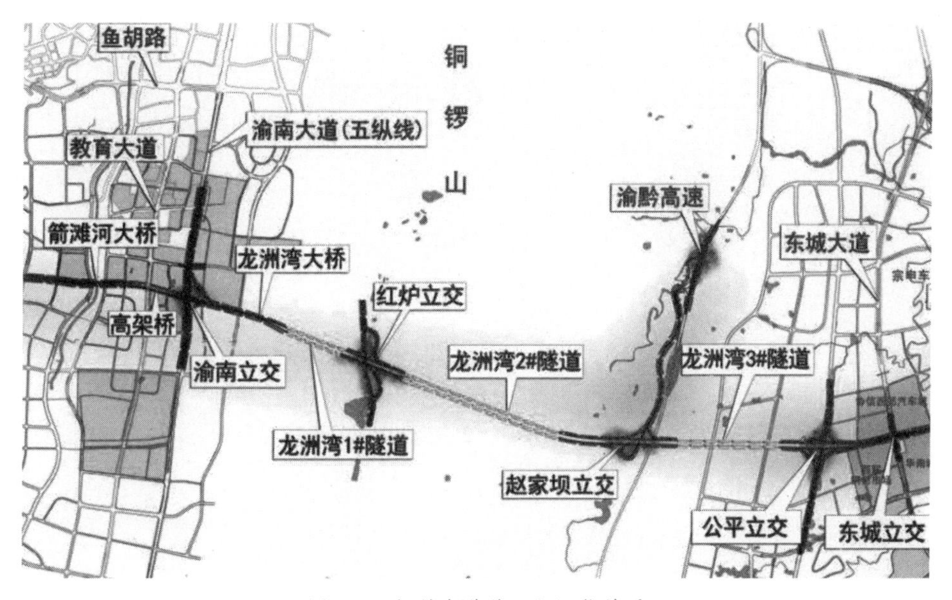

图8-1　龙洲湾隧道工程区位关系

（1）投资规模

本项目总投资金额约 36.73 亿元（不含预备费），其中：工程费用约 26.32 亿元，工程建设其他费用约 10.41 亿元（建设用地费用约 7.89 亿元）。

（2）运作模式

龙洲湾隧道工程采用 EPC+BOT 模式建设，由经重庆市巴南区政府授权的平台公司作为项目实施主体，选择社会资本合作伙伴，合资成立龙洲湾项目投资平台公司。建设期 4 年，运营 20 年，龙洲湾隧道项目投资平台公司负责龙洲湾隧道工程项目的投融资建设，获得运营期收取车辆通行费的权利并承担期间的营运管养责任。

（3）项目范围

项目由中建五局负责投资、设计、采购、建设、运营、移交。主要工程内容包括路基、路面、隧道、桥涵、立交、景观绿化、交通工程、机电工程、监控监测系统、综合管网。

2. 业主需求

（1）项目总投资

项目实行总费用包干制，总投资金额不超过 36.73 亿元。

（2）项目质量

产品质量满足国家相关技术标准、合同及总承包企业质量标准要求，同时满足建设单位招标文件提出的运营功能要求和质量要求。

（3）项目工期

项目 2015 年 12 月启动，2019 年 12 月开通运营，建设工期 48 个月，需满足工程建设进度需求。

3. 项目风险分析

（1）项目建设工期紧

合同规定，项目的建设工期为 4 年，但本项目工程地质构造复杂，施工难度大。项目穿越铜锣山，处于川东陷褶束地质构造南温泉背斜中部，背斜近轴部发育天堂坝断层，区域里存在断层、煤窑采空区、溶洞、低瓦斯、石膏层等多种不良地质，隧洞涌水量预测为10782m^3/d，安全风险极高；项目中标后甲方仅提供初步设计，项目征地拆迁需要紧锣密鼓展开、项目详勘及施工图设计需要快速和高质量完成，有效的项目建设期被压缩，工期非常紧张。

（2）区域协调难度大

项目位于市区，涉及巴南区的鱼洞片区，红炉片区，龙洲湾片区，需要永久征地1966亩，拆迁房屋1882m^2，鱼塘9处，涉及鸥鹏大道壹号小区、水堆沟、沁口、祝家杠等16个小区及自然村；市政管网密集，涉及国防军缆、天然气、石油管道、电力、通信等12家产权单位，迁改保护难度大；线路与多个交通要道对接，5次上跨G75兰海高速（渝黔）段，需设高速互通及上下道口及赵家坝立交1处，4次下穿东城大道、348国道、242县道等主要交通要道。征地拆迁量大，管线产权单位多，频繁穿越运行中交通干线，外围协调工作艰巨。

（3）项目管理要求高

本项目为巴南区第一个“EPC+BOT”项目，也是重庆市交通规划重点工程，要求把本项目打造成巴南区的亮丽交通名片，项目定位高；项目从初步规划开始介入，涉及建设资金运筹、初步设计、施工图设计、采购、建造、试运行等从立项报建、到项目竣工试运行的所有环节，管理环节多，管理范围广；项目实施阶段牵涉设计、咨询、土建、机电、装饰、绿化等不同专业，各专业间相互关联，需要统筹对接，及时、精准配合；项目以施工单位为总承包单位，管理对象包括3个土建分部、2个机电分部、1个装饰绿化分部、主要设备供应商等，对视频监控等信息化部分实施专业分包，各管理对象在进度管控、场地移交等管理接口方面标准不一、时间不一致，管理过程复杂多变，项目管理难度大。

协调管理筹划

面对复杂的项目外部环境和管理环节长、管理对象多的特点，我们建立了管理层和实施层分离的组织机构，项目管理突出协调，各专业、各分部、各分包队伍及供应商必须目标一致，服从大局，项目部确立了“以总包为主、协调各方”的协调工作思路。

通过开展预设计、预采购、预建造，从初步设计、施工图设计、深化设计、采购、建造全流程梳理协调接口，实现设计、采购与施工的协同，通过协调管理在项目的组织作用，实现设计、采购与建造的高度融合，实现项目履约。

1. 设计阶段协调

设计前期梳理各专业的交叉影响因素，组织设计单位项目负责人和各专业负责人进行编制设计策划并督导落实，过程协调设计、采购、建造协同，动态控制确保设计方案、设计质量、设计进度满足项目履约目标、建造效率。

初步设计阶段从概算、周边环境、工期、接口等方面考虑，尤其是初设作为概算修编的主要依据，是设计创效决定性阶段，既要满足方案阶段的功能，还要考虑设计本身存在的风险、工期、协调、建设过程国家政策风险、政府增加需求的风险。

龙洲湾项目初设反复地讨论研究，在初设阶段达到详勘的深度，经过5次修改完善，外部借助专家咨询论证，与业主全面积极沟通对接，最终取得业主的认可。取得概算修编设计创效的决定性成果。

总承包部对设计功能、执行标准、质量、方案可行性、方案优化、成本、工期，与其他专业是否协调进行复核，项目部对地形地貌、周边构建筑物干扰，错漏差碰进行复核。

在施工图设计阶段考虑重庆市注重城市品质提升，在景观装饰工程加强新材料、新工艺的运用，提前将隧道防火装饰板进行提档升级，避免后期改造。隧道拱部喷绘蓝天白云，“蓝天白云”隧道为“网红”重庆新增“打卡点”，多家媒体争相报道。

桥梁采用多支座、固结墩的形式，针对钢箱梁增加配重，人行、车行护栏一次设计到位，在重庆市安全护栏及桥梁抗倾覆排查中均顺利通过，避免后期改造增加成本。

2. 采购阶段协调

在满足政府需求功能及工程本身安全质量的前提下，从业主需求，社会满意的原则出发，协调选择优秀供方，结合项目管理团队配置实际情况，合理确定供方分包模式，并在过程中协调资源保障开展履约管理工作。

专业工程采取专业分包的模式，如:机电、交安工程，优先考虑局内部单位，在前期方案设计，工前深化设计，过程方案优化方面发挥专业公司特长，作为局内部单位能够以大局为重，在争取自身利益的同时兼顾项目整体利益。

劳务分包采取包工、包机械、包辅材模式，通过招标定分包方。招标入围新供方采取推荐入围，投标报价公开，合理低价中标。合同外工程施工前多方询价测算，先定价后施工。主材甲供保质量，优先在局及公司集采供方名录内选用供应商，严控材料进出场验收，专人执行限额领料，主材超耗定目标，月度盘点，超耗必扣；机械租赁：逐级审批，多方对比定单价；

周转材料：使用严格按照施工组织计划进行周转使用，合理进行摊销；加强现场保护，降低周转折旧率；

现场经费：使用根据商务策划合理安排，每月统计，每季度逐项分析预警，严防费用超支。

3. 建造阶段协调

将建造阶段的重大因素提前融入设计，通过协调管理，保证项目在功能、造价、安全、质量方面能够平稳建造。

首先了解政府近远期的发展规划需求，保证项目主要功能满足政府需求的同时，合理优化方案，控制造价，减少协调难度。将东城立交设计为远期实施，近期以平交形式的方案，红炉立交优化成半互通，预留匝道口的形式，将渝南立交苜蓿叶＋定向调整为简易菱形＋半定向匝道。渝黔高速为双车道，目前交通流较大，赵家坝立交接渝黔高速时预留空间，保证渝黔高速后期增加车道的需求。

工程总承包项目部在前期工可方案阶段主动对接政府，充分把握业主的需求，同时了解工程范围周边的发展规划，适当扩大红线范围，同时依据政府发展规划，把部分临时用地纳入永久用地，采取统征的形式，大大降低了成本和协调难度，为项目施工生产办公提供良好的需求。

在大电、通信、给水入廊，周边建构筑物、近期发展规划方面，组织设计单位与政府各部门、周边在建项目协调对接，除功能上满足要求，在过程中能够同时建造。

土建、机电、交安、绿化方面组织设计单位不同专业进行对接，根据土建实施情况对机电、交安、绿化设计专业进行交底，同时根据工程进展情况，组织设计单位对接交巡警、城管局、交委会，进行专业设计方案对接。

总承包项目部从一开始进场的初设，到过程中的采购、建造完全融合，通过限额设计控制施工成本，挖掘创效手段，施工图设计阶段，通过复核设计过程成果的可建造性，提交建造需求便于设计进行优化。随时做好图纸完善及变更工作，更好的按业主要求将设计理念转化为工程实体。

协调管理体系

针对工程特点，结合项目模式，通过公司参与策划，快速组建项目经理部，通过健全组织机构、强化管理层配置、完善管理体系开展协调管理工作。

设置设计管理部，采取动态设计信息化管理，弥补前期设计不足；同时建立涵盖安全、质量、工期、信息化、环保和文明施工六大要素的制度体系，建立制度流程、人员配备、现场实施、过程控制标准化管理体系，以制度为体系保障、以协调为组织手段，完善各岗位的工作内容、工作方法、工作程序、工作要点，细化工作流程、量化工作指标，协调相关接口，过程动态控制。把工程实施从常规项目程序上的繁文缛节拉回到返璞归真的实效管理，使项目管理有目标，操作有标准，考核有依据，执行有力度，结果有保障。

1. 总承包项目部组织结构及职责

（1）组织机构

根据项目特点成立龙洲湾隧道工程总承包项目部，下设六个项目分部，专设协调部。总承包部组织机构见图8-2。

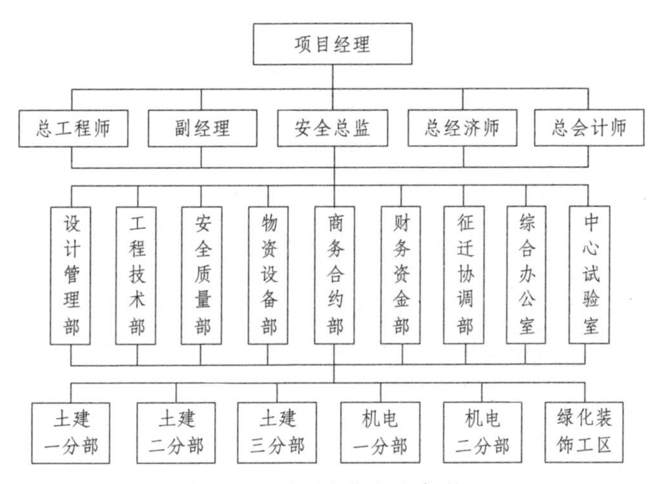

图8-2　总承包部组织机构

龙洲湾项目总承包部配置共27人，配置经理（兼书记）、副经理、总工程师、总经济师、总会计师、安全总监6名项目班子成员，下设七部两室，分别是设计管理部、工程技术部、安全质量部、合约法务部、物资设备部、财务资金部、征迁协调部、综合办公室、中心试验室共9个职能部门。

（2）配置专业要求

1）总承包部经理具有15年以上项目管理经验，在类似工程项目管理有优秀业绩，或主导过总承包项目管理工作，有丰富的专业知识、理论和实践经验，超强的组织协调和领导力，有更高的格局和定位，结合项目履约目标能够及时准确预判并把控潜在风险推进项目完美履约。

2）总承包部其他班子成员应有12年以上工作经验，在线条管理方面有突出贡献，或参与过总承包项目管理工作，有丰富的专业知识、理论和实践经验，较强的协调沟通组织能力，能够及时组织相关资源，协同推进设计、建造、商务等相关工作。

3）各职能部门主管具有10年左右专业工作经验，取得过明显成效，有一定的沟通协调能力，有较强的管控能力，能够高效组织执行。

（3）管理职责

1）负责总体组织：负责项目策划、前期总体部署、项目品牌建设、项目重大事项策划并牵头落实。

2）负责管理协调：负责与除融资外各单位、部门的沟通、协调并建立融洽的外部关系；负责各项目部施工要素的优化、资源合理配置，对各项目部安全、质量、工期、投资效益、环境保护、技术创新目标的分解、下达；督促落实工程施工任务的按期完成，实现上级单位、项目公司下达的各项计划经济指标。

3）承担设计、技术管理：负责设计方案程序管理、方案优化，设计创效、负责总体施工组织编制交底、重大方案审批落地，牵头组织项目整体开、竣工相关工作。

2. 项目分部组织结构及职责

（1）组织机构

各项目分部设分部经理、总工、生产经理、商务经理、安全总监，配置技术质量部、安全监督部、合约法务部、物资设备部、试验室、测量队、协调部、财务资金部、综合办公室，一般管理人员根据项目体量大小及难易程度配置。项目分部组织机构见图8-3。

（2）主要职责

项目分部作为总承包项目部的派驻机构，是本项目工程具体施工组织实施和各项指标落实的责任主体。在总承包项目部的领导下，负责对所担负施工标段的安全、质量、工期、成本、环境保护、技术创新、职业健康、资源配置等承担实施责任，并统筹分部内各线协调组织工作。

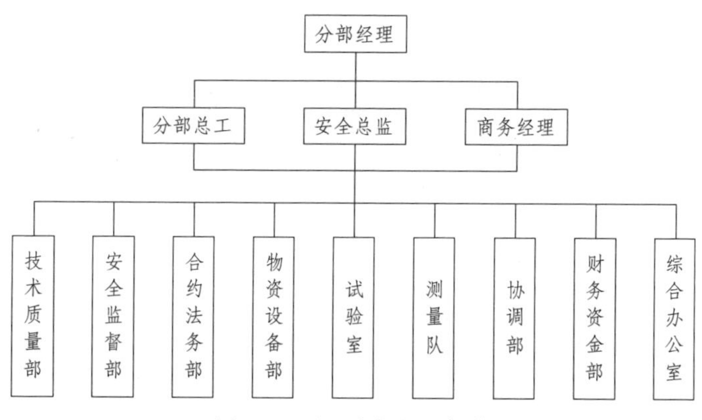

图 8-3　项目分部组织机构

协调管理办法

针对工程特点结合项目模式，快速组建总承包项目部，组建设计控概、采购招标、计划管理、建造方案、商务合约、协调设计、财务资金七大管理团队，健全组织机构，完善管理体系。

编制项目《管理协调办法汇编》。从技术质量、工程管理、测量、试验、安全、合约法务、财务资金、物资设备、协调、综合管理方面，建立涵盖安全、质量、工期、信息化、环保和文明施工六大要素的制度管理、人员配备、现场实施、过程控制标准化管理体系，以信息化为手段，以精细化为目标，做到三化融合，以切实可行的管理办法，完善各岗位的工作内容、工作方法、工作程序、工作要点，细化工作流程，量化工作指标。

实施协调管理常态化。总承包项目部召开月度施工生产计划会、周例会、成本分析会及各类专题会等会议制度。综合办公室是会议的管理部门，会议的具体会务工作由会议组织部门与综合办公室协作安排。会议遵循精简、高效、务实、节约的原则，尽量缩短会议时间，减少与会人员，能合并召开的会议尽可能合并召开。召开会议应具备必要性，注重实效，主题鲜明，准备充分，杜绝议而不决。把会议重点放在集中精力研究和解决实际问题，及时协调研究解决有关问题。

实施标准化管理，明确管理标准。编制《工程进度管理办法》《月综合考评实施细则》《亮点打造方案》《样板引路实施方案》《创优创奖策划》《工程创优实施细则》及《成本管理办法》等，使项目管理有目标，操作有标准，协调有依据，执行有力度，结果有保障。

加强督导管理，促进协调落地。总承包部建立部门督导制度评选优秀部门，各职能部门每月制定3项以上重点工作，综合办公室督导，各部门相互监督，分管领导审查考评，选出优秀部门，每月考核公示。

设计协调管理内容

1. 前期规划阶段

基础设施EPC项目的规划阶段一般是政府组织制定详细规划，作为全方位EPC承包商，可以在前期积极与政府部门对接，熟悉政府的需求和规划方向，提供优质的规划方案比选及建议，为政府部门进行决策提供依据，同时为后期项目实施介入做准备。项目前期规划中的设计工作可由项目成立的设计部负责或配合完成，保证项目的技术可行性、建设合规性。

2. 项目招标阶段

常规EPC项目在本阶段应编制招标方案及招标进度计划表，协助业主选定招标代理机构并签订合同。可以委托招标方式确定招标代理机构，进行勘察、设计、施工、监理的招标工作。

项目立项批复后，首先进行勘察单位、设计单位的招标，由招标代理机构编制招标计划、招标文件，按计划执行招标流程，最终确定中标单位，并签订合同。勘察中标单位：某岩土工程有限公司；设计中标单位：某设计研究院。

本项目进场前设计单位已与业主签订了相关合同，项目深化设计部主要工作为制定未定的招投标计划，做好充分的市场调研，充足考虑设计分包资质、招标准备、资源组织、工作节点等所需全部时间来编制招标工作计划。

3. 勘察设计阶段

（1）设计策划管理

1）组织策划

根据项目特点和建设要求，总承包部设置设计管理部，统筹协调内外兼顾，层级对接协同作战。总承包设计管理采用两级管理体系：自上而下为总承包设计管理部、施工标段项目部。总承包作为全线统一的设计管理归口部门，负责统筹协调全线设计管理工作。对内牵头明确全线设计工作推进主思路，并组织各项目部具体实施；对外作为线路责任主体，牵头各项目部分层级对接参建各方，即总承包负责对接业主、设计监理、设计强审、总体等相关责任主体，施工标段项目部负责对接各工点设计院、业主现场代表等具体实施部门，使之形成“统筹协调、分工协作”的作战团队。

设计人员作为设计优化的主要参与者，设计团队优化的效果主要通过他们体现。因此必须加强与设计人员的沟通，将设计优化意图灌输至每个设计人员，集思广益，探讨设计优化点，发挥设计人员的主动性。

设计人员按专业、分工点建立设计人员管理台账，设置分部现场设计代表，所有设计问题统一由设计经理安排处理。以地勘资料及原地面测量为前提进行主要设计控制。地质勘察及原地貌测量是设计创效的基本保障，一定要保证地质勘查的准确性以及掌握详细的原始地貌数据。设计管理关系见图8-4。

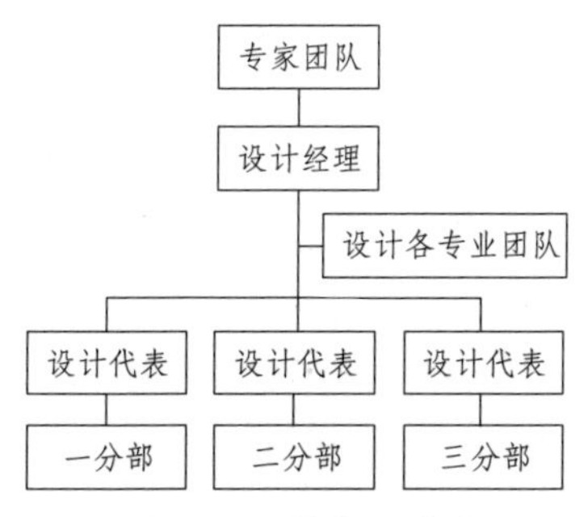

图8-4 设计管理关系

在设计与施工联动上，将施工经验和方法融入设计，充分考虑施工便捷性、施工部署及总体安排合理性，落实图纸和设备交付进度，提高施工效率。

2）设计进度管理

制定设计的总计划，根据业主提供的总设计节点计划，结合工程的工程阶段的工程节点计划和物资采购计划等，制定详细的设计节点计划。

设计进度是项目管理的重要主线之一，是确保工程项目顺利实施的基础和保证之一，必须将设计进度管理纳入工程总承包项目管理中，使设计各阶段的进度计划与设备材料采购、现场施工及试运行等进度相互协调，确保设计进度满足工程总承包项目设备材料采购进度计划的要求，满足工程现场施工进度计划的要求，满足工程总体网络计划要求。

设计的进度管理是动态、不断调整的过程，它受到业主条件、专利商条件、采购方资料、施工进度要求和管理内部的影响。通常，按照工程总体建设目标的要求，在编制初步采购进度计划和初步施工进度计划的基础上，组织编制设计进度初步计划。在工程实施过程中，由于采购进度受到设备制造周期和第三方（如运输）的约束，施工进度受到客观存在的安装施工逻辑工序关系的制约，工程设计进度计划也往往受到采购、施工进度的限制而需要加以调整，比如设计进度的滞后、施工计划的调整等。因此，编制工程设计进度计划时，在充分考虑设计工作的内部逻辑关系和资源分配，加强设计各专业间的沟通配合与交叉衔接，重视专业之间接口关系的同时，应更加重视设计与采购、设计与施工之间的协调配合，重视设计与项目业主之间的沟通协调。

总承包指挥部梳理工程里程碑关键控制节点，倒推设计进度，理清了项目从策划到交付使用的整体建设时序。各专业设计完成、施工图设计完成、建设工程施工许可证、土建工程完成等节点梳理以建设单位交付使用需求为基准，通过建设单位需求梳理，锁定进度计划的起始节点。

初步设计：2015 年 12 月 31 日～2016 年 5 月 31 日；

施工图设计：2016 年 4 月 1 日～2016 年 8 月 31 日；

施工阶段：2016 年 6 月 1 日～2019 年 7 月 31 日，总工期 38 个月；

交工验收：2019 年 10 月 1 日～2019 年 11 月 30 日；

试运行：2019年12月1日～2019年12月31日。

（2）初步设计协调管理

1）与规划部门的协调管理

了解政府近远期的发展规划需求，保证项目主要功能满足政府需求的同时，合理优化方案，控制造价，减少协调难度。将东城立交设计为远期实施，近期以平交形式的方案，红炉立交优化成半互通，预留匝道口的形式，将渝南立交改为定向匝道。渝黔高速为双车道，目前交通流较大，赵家坝立交接渝黔高速苜蓿叶＋定向调整为简易菱形＋半定速时预留空间，保证渝黔高速后期增加车道的需求。

2）与市政管线单位的协调管理

在大电、通信、给水入廊、周边建构筑物、近期发展规划方面，组织设计单位与政府各部门、周边在建项目协调对接，除功能上满足要求，在过程中能够同时建造。降低工程施工难度，减少施工工期。如电力管线与给排水管线共同开挖，无需采取二次开挖造成施工交叉，减少二次开挖支护费用352万元，两段管线同时开挖，节约工期42天。

3）图纸会审的协调管理

建立设计质量管理体系，组织设计管理部、技术部和各分包项目部技术人员进行图纸会审，对初步设计文件错漏问题进行统一梳理，充分发挥局设计院技术咨询的作用，找出“错漏碰缺”等图纸问题，多次组织建设单位、设计单位召开初步设计修编专题会。并及时反馈设计院进行修改。

通过进行三部会审，局院总计提出错漏碰缺意见635条，落实整改意见621条，其中项目部提出意见54条。并及时组织与各施工项目部图纸交底。确保初步设计图纸深度达到制定详细方案的要求，初步设计概算“做大、做全、做实”。

初步设计阶段从概算、周边环境、工期、接口等方面考虑，尤其是初设作为概算修编的主要依据，是设计创效决定性阶段，既要满足方案阶段的功能，还要考虑设计本身存在的风险、工期、协调、建设过程国家政策风险、政府增加需求的风险。

龙洲湾项目初设反复的讨论研究，在初设阶段达到详勘的深度，经过5次修改完善，外部借助专家咨询论证，与业主全面积极沟通对接，最终取得业主的认可。取得概算修编设计创效的决定性成果。

（3）施工图设计协调管理

1）设计内部协调管理

在项目总承包模式下，工程项目对设计质量要求更高、设计深度要求更细。采购工作是以设计完成的技术询价书为基础进行设备材料的招投标，而设备厂家的制造图纸是按照设计规定的数据表、规格书和图纸要求完成的，而且必须经过设计的审查批准后才能进行设备的预制和制造，设计文件因图纸的高质量可以保证采购起点的高质量；现场施工工作是按照设计完成的图纸进行施工的，设计图纸的高质量可以减少施工的返工，高质量的设计有利于施工可行性。

设计前期梳理各专业的交叉影响因素，组织设计单位项目负责人和各专业负责人进行编制设计策划并督导落实，过程协调设计、采购、建造协同，动态控制确保设计方案、设计质量、设计进度满足项目履约目标、建造效率。

对于机电工程，与项目主体工程同步进行设计会审答疑，保证设计的完整性合理性，包含大电、临电系统，监控系统，消防报警系统，照明应急系统，各系统管线设计是否完整合理。根据总体进度计划及主体工程进展情况提前完成深化设计、材料设备型号品牌的确认，路灯的造型还应配合景观工程的设计。

设计管理的内部协调主要是保证各专业的匹配性和图纸的准确性，主要包含以下两方面的工作。

①设计图纸会审

建立设计质量管理体系，充分发挥局设计院技术咨询的作用，协助组织图纸的内部会审，汇总内部会审意见及优化建议，及时反馈给业主和设计院；与业主设计部、设计院对接，掌握图纸最新的修改、变更，及时传达到施工现场，第一时间为现场提供图纸及技术支持。

总承包部对设计功能、执行标准、质量、施工方案可行性、成本、工期，与其他专业是否协调进行复核，项目部对地形地貌、周边构建筑物干扰，错漏差碰进行复核。并及时组织与各施工项目部图纸交底。截至目前，组织各分包技术部进行交底，共计40余次，确保基层施工人员充分理解图纸设计意图，图纸方案意见落实到位。

②重大方案的专家审查

对于项目重难点方案组织建设单位、设计单位、监理单位、地勘单位召开专题会进行讨论确定做法，甚至多次邀请重庆、长沙专家召开专家评审会。

桥梁采用多支座、固结墩的形式，针对钢箱梁增加配重，人行、车行护栏一次设计到位，在重庆市安全护栏及桥梁抗倾覆排查中均顺利通过，避免后期改造增加成本。

项目的设计质量管理需要项目上全员参与，包括设计管理部、工程技术部以及商务合约部，各个部门应针对自己负责的内容对图纸进行联动审查，确保用于实施的设计图纸为最优方案。

2）设计外部协调管理

需处理初步设计中为完成的协调工作，在施工图阶段更加细化具体，突出体现本项目的品牌效应，施工效益。

在施工图设计阶段考虑重庆市注重城市品质提升，在景观装饰工程加强新材料、新工艺的运用，提前将隧道防火装饰板进行提档升级，避免后期改造。隧道拱部喷绘蓝天白云，“蓝天白云”隧道为“网红”重庆新增打卡点，多家媒体争相报道。

机电工程的实施涉及与隧道装饰、路面附属、景观工程交叉干扰，沟槽、社会电力、信号通信、水利管道共建，实施过程应统筹安排各单项工程的施工顺序，提前与地方电力部门、通信单位、水利局等同步沟通确定方案，避免相互干扰、返工或重复实施。

对于景观绿化，景观绿化方案应报区政府、建委主导审批，并征求城管局、园林局、文化委、旅游局、乡镇管委会的意见，还要符合重庆市“四季见花、四季见绿”及市政府“大城智管、大城细管”品质提升要求，建人文生态大道。景观方案涉及单位部门多，仁者见仁智者见智，沟通协调难度大，除了要考虑景观本身的效果，还要顾及与周边环境既有城市绿化的协调，后期交通安全，不同植物实施的季节性，所以应在提前约10个月报审方案，保证顺利实施。

3）设计与建造协调管理

在施工阶段的设计管理的主要工作，就是在施工图设计阶段将施工方案融入设计图纸，做到施工方案与设计图纸的有效结合，尤其是隧道开挖方案等专项方案的编制等；对图纸进行现场交底，对设计图纸中的重要部位，施工中需要注意的重点难点部位进行分析，通过设计院的图纸交底，各参建单位熟悉设计图纸，了解工程特点和设计意图，对施工技术难题，制定解决方案；对设备和材料的供需的缺少做补漏清单。

本项目在前期方案阶段就主动对接政府，充分把握业主的需求，同时了解工程范围周边的发展规划，设计方案前期适当扩大红线范围，同时依据政府发展规划，把部分临时用地纳入永久用地，采取统征的形式，大大降低了成本和协调难度，为项目施工生产办公提供良好的需求。避免了后期因为整体拆迁问题影响施工进场。

总承包项目部在一开始进场的初设阶段，就融入了后期可能遇到的风险因素，将设计与采购、建造完全融合，通过限额设计控制施工成本，挖掘创效手段，在施工图设计阶段，融入施工便利性的方案，做到“永临结合”，认真进行设计与施工策划，保证施工进度，并将最优方案提交设计进行优化，减少后期变更。随时做好图纸完善工作，更好地将业主需求融入设计图纸，在施工过程中将设计理念转化为工程实体。

根据设计方案，结合施工工法综合分析挖掘方便施工、节省工期、节约造价的施工方案。本项目互通段共设置桥梁 4 座，跨径分别为 1 ~ 10m、1 ~ 8m、3 ~ 16m 空心板桥和 1 ~ 20m 的预应力混凝土小箱梁结构，从方便施工，减小模板投入的角度出发，尽量统一桥梁结构类型及尺寸，将 1 ~ 8m 的空心板桥调整为 1 ~ 10m 空心板，达到施工方便节省模板的作用。

本项目匝道下穿既有道路，需将既有道路路基开挖做桥，设计方案桩柱分开施工，先开挖路基再施工墩柱，施工麻烦。考虑既有道路为本地区唯一出入通道，保通任务重，为加快桥梁施工进度，减小对既有道路交通影响，从方便施工，加快进度的角度出发，拟定了桩柱一体方案，即直接在原有路面上进行桩基施工，并一桩到顶施工盖梁，这样造价增加不多，但大大加快了施工进度，节省了墩柱模板，缩减了交通影响时间（节省了工期）。

4）设计与设备采购协调管理

常规物资采购,需通过招标、设计联络、施工图出图、设备排产等一系列流程，遇上设备材料种类多时，在招采流程上将耗费过多时间，甚至影响施工工期。为了有效提高物资供货效率，指挥部根据以往设计经验，结合施工图纸要求以及施工总进度安排，确定可预采购的材料及设备采购清单，核算主要技术参数，并提交设计院确保在设计出图时写入设计文件，由物资招采部门根据主要技术参数，预先选定主要材料设备供应商。设备制造过程中，设计协助采购方处理有关技术问题，必要时还应参加由采购方组织的关键设备材料的检验工作，设计与采购在相关环节协调配合、不可分割。在设计出图前即可完成定价与招标，提前锁定价格和采购下单，从而达到现场施工有序进行，实现缩短工期、节约成本的目的。

建造协调管理内容

1. 施工阶段的设计协调管理

（1）设计变更协调管理

在施工图设计文件交于建设单位后，设计变更管理也是工程设计管理中不可避免的组成部分。为了确保工程项目的质量，设计变更应进行严格管理和控制。设计变更管理中应注意:一是对建设单位提出的设计变更要求进行统筹考虑，确定其必要性；二是考虑设计变更对建设工期和费用的影响，以尽可能减少对工程的不利影响；三是要严格控制设计变更的签批手续，以明确责任，减少无故损失。

对于施工过程中遇到必须要实施且涉及费用增加的变更，指总承包指挥部牵头，分层对接，加强与建设单位、设计单位、监理单位的沟通，从初步设计不足、外部环境变化、有利于施工安全、提高工程质量、有利于后续运营等原因出发，提出合理建议，据实沟通，促使建设单位、设计单位、监理单位等提出变更意向，按合同约定增加费用。

（2）深化设计协调管理

对于需要进行深化设计的专业，提前与相关深化单位进行沟通，确定施工方案，减少因方案的不确定性造成施工现场的窝工。

对于交安工程，在实施前5个月完成深化设计报地方交警队审批。熟悉地方交警部门的最新《交通导则》，地方交警部门对交安管理细则更新较快，且一般情况下未正式对社会公布，在编制交安深化方案时与地方交警部门了解规范的更新及对设备的品牌要求、系统的接入兼容等。施工过程中选择地方实力较强的队伍组织实施。

2. 合同管理协调

在供方选择时，先拟定项目的主要指标，提出供方履约重点，据此开展供方筛选、采购。建立健全合约法务部管理制度、编制策划等。进场按时进行了公司制定进行主合同及分包合同交底，加强招议标管理，严格按公司最新《劳务及专业分包供方采购管理办法》执行，确保开标合理合规；并保持“云筑网”与线下开标同步进行。项目针对结算审计，编制《项目工程审计风险策划》，从合约、技术、物资、资金、内业资料方面识别风险点，梳理出概算、工程量、施工方案、变更的风险防范清单，先由总承包项目部统一分析交底，后对每个分部进行单独交底，分部再细化风险点，建立审计风险防范管理体系，制定防范措施，增强风险防范意识，工作落实到个人。

3. 履约管理协调

（1）工程进度管理

工程进度管理是指对工程分部各阶段的工作顺序及持续时间进行过程规划、实施、检查、督促协调及信息反馈等一系列活动的总称。其最终目的是确保工程交付使用时间目标的实现，其基本任务就是编制进度计划并采取措施控制其执行。

（2）进度管理原则

根据工程进度管理的特点，在计划编制实施过程中应充分考虑各种因素发生、组合的可能性，并根据实际情况的变化采取相应的对策，以施工组织设计为纲领，以施工计划为阶段控制目标，动态掌握，周（日）跟踪、月度考核，确保年度计划和施工组织方案的落实。

（3）进度管理主要内容

编制、细化分阶段实物工作量计划，对照计划及工期安排检查工程进展情况，分析影响工程进度的因素，纠正工期偏差，为领导决策提供依据，对工程进度进行过程控制。

（4）进度管理流程

建立健全管理体系→设定目标→制定管理办法→控制纠偏→考核。

1）体系建设

为确保在建工程建设顺利进行，按总承包部和分部两个层次建立工程进度管理机构。

总承包部成立进度管理领导小组，由总承包部经理担任组长，生产经理、总工程师担任副组长，各部门担任小组成员。领导小组办公室设在工程技术部，主任由分管生产调度的工程技术部副部长担任，成员由调度、各专业工程师担任。各分部成立进度管理实施小组，分部经理担任组长，分部总工担任副组长，部门及技术主管任组员。

2）管理职责

①领导小组职责

领导小组组长：履行总承包部经理职责，工程进度管理第一责任人，负责总进度目标及产值目标的实现，统筹安排组织施工，牵头各项工作的开展落实，与公司签订施工生产责任书，接受公司及局的考核。

副组长：负责项目总进度目标的实现，协调督导各部门、各分部工作，牵头协调外部关系及征地拆迁工作，创造有利于施工生产的外部环境，督导重大方案编制的审核，明确过程工期节点及奖罚措施，激励分部合理高效组织施工生产。

组员：根据龙洲湾隧道工程的总体施工计划安排，编制总体工程进度计划并及时报监理单位和业主及公司审核。

根据公司下达产值计划任务，编制年工程进度计划并报监理单位和业主单位审核，并将年进度计划分解到月，下发各分部。

收集整理日、周、月进度情况，及时填报日报、周报、月度通报，主持召开生产会议，部署生产计划，合理配置人力资源和设备物资，搞好综合平衡，掌握生产进度，确保生产计划的完成。

根据进度计划制定考核办法、奖罚措施及纠偏措施，指导督促分部完善各单位工程方案的编制报审。

根据总体进度安排及现场实际情况，负责总体资金计划的落实，牵头组织供方招标及大宗材料及设备的进场。

②实施组职责

组长是工期目标落实的第一责任人，履行项目经理职责，代表分部与项目经理部签订责任书，负责分部管段目标的实现，统筹安排合理组织施工生产。

根据龙洲湾隧道工程的总体施工进度安排，编制月、年工程进度计划及周月例会制度。

负责日、周、月报表的填报，并接受项目部、监理单位、业主单位的审核，根据工程进度情况完成的自查自纠。

根据总进度计划目标及现场实际情况，组织劳务队伍进场，协调施工生产，编制物资设备需求计划，做好设备、人力、物资等各种资源的组织工作，对工程的设备数量、进场时间建立台账。

负责日常施工生产管理，强化安全、质量保证体系监督落实各项安全、质量保证措施，接受上级单位及地方监督部门的监督管理。

在工程施工中遇到困难和问题而达不到施工进度要求时，应及时以书面形式反馈至指挥部工程管理部门及监理单位，以便工程管理部门或监理单位及时协调处理。

3）总体工期进度计划目标

根据主体合同及项目特点，总承包项目部制定主要节点计划：初步设计：

2015年12月31日～2016年5月31日；

施工图设计：2016年4月1日～2016年8月31日；

拟开工日期为2016年6月1日，完工日期为2019年7月31日，总工期38个月；

隧道工程开工日期为2016年9月11日，完工日期为2019年1月31日；

路基及附属工程开工日期为2016年9月11日，完工日期为2019年6月15日；

桥梁工程开工日期为2016年12月1日，完工日期为2019年5月31日；

路面工程开工日期为2019年4月1日，完工日期为2019年8月31日；

电力照明及附属工程开工日期为2019年1月1日，完工日期为2019年9月30日；

交工验收为2019年10月1日～2019年11月30日，试运行为2019年12月1日～2019年12月31日。

4）制定管理办法

为了确保龙洲湾隧道工程建设按计划工期完工，加强工期管理，深入了解施工现场，排查影响施工进度的各种因素，及时纠正施工工期产生的偏差，保证本标段施工工期，总承包部制定《工程进度管理办法》。根据《工程进度管理办法》编制《月综合考评实施细则》，确定内控工期节点目标，建立月生产计划会、周例会会议制度及日报表制度，把总进度计划分解到年、月、周，坚持日统计、周分析、月通报。以月生产计划会为载体进行考核，通报问题，总结纠偏；以周例会为载体，分析问题、解决问题；以日报为载体掌控问题、跟踪问题。

5）控制与纠正

①建立生产调度例会制度

生产调度例会实行周例会及月例会制度，每周一在总承包部召开。

例会由总承包部组织召开，总承包部领导小组成员、部门负责人及各分部班子成员参加。

周例会主要内容：上周工程进度完成及投资完成情况，对各分部完成任务情况进行点评；分析影响工程进度主要因素及存在问题，制定解决措施；部署本周工程进度及投资计划。

月例会主要内容:检查上月工程进度完成情况,对出现的进度偏差分析原因,并调整本月工程进度计划。对存在的问题进行整理,提交领导和相关部门解决。

②建立现场调研和领导联点制度

总承包部领导小组应每月对进度滞后的分部进行现场调研,并及时提交项目经理部领导采取纠正措施,并对分部现场进度进行检查,复核验工计价数量、检查进度计划执行情况。

③建立重点工程、关键工程重点监控制度

总承包部、各分部对全标段或管段内的重点工程、关键工程建立台账,对人力、物资供应、设备到场情况、主要存在问题等进行监控统计,以便对进度偏差及时纠正。

原则上按照周对进度进行控制,对本周没有完成的工作量累计至下周采取相关措施完成,不得在剩余工期中平分。关键线路、里程碑计划不得任意调整。

对工期产生重大影响致使工期关键路线、施工方案等发生重大变化,按照相关管理办法处理。

6)考核

总承包部每月对各分部进行不定期现场检查及一次定期(25日、26日)现场集中检查,集中检查分组分线条进行,检查过程中实行现场打分并对实际情况作简要描述记录。考核评分项目有:工程管理、技术管理、安全质量管理、环境保护文明施工、合约法务管理、物资设备管理、营区党群工作综合管理等。检查情况将进行通报并纳入月度的考核评比中。考核评分采用汇总加权求得总分。在检查过程中发现不规范、不达标的行为,将采用督导整改通知单、责任人不良行为记录表等几种方式进行质量控制,并要求限期改正;若整改不及时或整改不合格,在下月考核中加倍扣分。

进度考评根据上次生产计划会下达的生产任务指标对本月生产进度及产值进行考核。主要内容包括节点、形象进度、月度总计划产值。

节点名称的设定:参考施工计划任务中组织难度大、风险性高、有意义、对其他单位或分部工程造成严重制约的、交通转换、首开工点、桥隧贯通等。

形象进度:形象进度指标的制定根据总进度计划安排,结合现场实际工作面开展情况，以分部工程为单位制定具体量化指标。当个别分部工程达到最晚开始时间由于特殊原因无工作面，仍制定形象进度指标，如桥梁工程按总进度计划应完成 20 根桩基，但因征拆问题无法进场，则制定 1 根桩基的进度指标，目的在于督促尽快进场组织施工。

月总计划产值：总计划产值根据总进度计划安排，结合现场实际情况适当调整，当累计偏差之后总进度为 5% 时，总承包项目部应牵头及时采取纠偏措施。

管理效果

通过积极的协调工作，总承包方主动作为，充分整合资源，协调管理团队目标一致，项目进展顺利，实现了快速建造，项目于 2018 年 6 月底试运营结束，达到正式运营要求，提前计划工期六个月，工程质量满足合同要求，投资控制在允许范围之内。实施期间二十余家媒体争相报道，给社会呈现一个内实外美、安全经济、人文生态的景观大道，龙洲湾隧道——“蓝天白云”隧道也成为重庆的新增“网红”景点。

参考文献

[1] 李永福 .EPC 工程总承包全过程管理 . 北京：中国电力出版社，2019.

[2] 范云龙，朱星宇 .EPC 工程总承包项目管理手册及实践 . 北京：清华大学出版社，2016.

[3] 王伍仁 .EPC 工程总承包管理 . 北京：中国建筑工业出版社，2008.

[4] 杨俊杰，王力尚，余时立 . EPC 工程总承包项目管理模板及操作实例 . 北京：中国建筑工业出版社，2014.

[5] 荣世立，齐福海，张秀东，王春光，李超建，王瑞 . 建设项目工程总承包管理规范实施指南 . 北京：中国建筑工业出版社，2018.

[6] （美）Project Management Institute. 项目组合管理标准 . 北京：电子工业出版社，2008.

[7] 彼得·德鲁克 . 卓有成效的管理者 . 北京：机械工业出版社，2014.

[8] 鲁贵卿 . 建筑工程企业科学管理实论 . 长沙：湖南大学出版社，2013.

[9] 鲁贵卿 . 新中国建筑业的七十年回望 .2019.

后　记

工程总承包（EPC）是国际通行的建设项目组织实施方式。在国外，大多数发达国家工程总承包发包比例占总的工程发包比例超过30%，少数国家达到50%。在我国，建筑业无论是政策导向还是内在需求，发展工程总承包都是大势所趋。业主日益重视承包商所能提供的综合服务能力，企业出于自身发展和完善产业链的考虑，加上政府出台的政策支持，发育工程总承包模式正在成为大型建筑企业管理转型升级的必由之路、急迫之举。而工程总承包业务将是企业未来竞争的新的制高点。

工程总承包管理模式的发展，是向我国大型建筑企业过去依靠项目成本控制和施工技术优势，以实现项目效益最大化的传统项目管理理念提出了挑战。大型建筑企业要进入建筑业产业链的高端市场——工程总承包市场，不但要有一流的施工技术，更重要的是具备深化设计能力、设备采购能力、项目管理能力和社会资源整合能力等，才能够具备为业主提供总承包优质服务的能力。

为此，我们亟需转变观念和思路，加快学习掌握工程总承包管理模式的观念、方法和工具。

笔者所在的中国建筑第五工程局有限公司，以其转型迅速，近年来工程总承包业务上项目新签合同额增幅明显，2019年达到近千亿元，尤其是基础设施领域，承揽了一系列关系国计民生的重大项目。鉴于工程总承包模式应用的广泛性和复杂性，如何进行有效管理、成功运作工程总承包项目也越来越得到业界广泛的关注。

本书依托中国建筑五局和中国铁建十二局集团，通过大量工程总承包项目的管理实践，不断对工程总承包管理体系、管理内容、管理方法进行总结、提炼、升华，逐步构建成型工程总承包卓越管理体系。同时，笔者不揣浅陋，将建筑企业工程总承包卓越管理的思考与探索、实践与成果，进行提炼和总结，汇集成书，公开出版，旨在进行交流，就教于同行，希望得到各位专家的批评指正。

本书命名《建筑企业工程总承包卓越管理》。何谓“卓越管理”？笔者理解，卓越管理是通过有条理、有系统的管理，对整个工程项目实行整体构思、全面安排、协调运行，从而较传统项目管理更优实现业主目标和企业目标；与此同时，强调自我管理和组织管理，发挥团体成员价值创造，从而实现个人与组织共同发展。它将过去分阶段分别管理的模式变为各阶段通盘考虑的系统化管理，使工程建设项目管理更加符合建设规律和社会化大生产的要求。

本书写作过程中，得到了多位学者、专家的指导，以及我的同事安刘生、彭斌、刘阳、舒锦武等同志的帮助和支持，在此一并表示衷心感谢。书中引用了一些珍贵的文献和学术观点，在此对作者一并致以谢忱！

在此还需特别感谢中国工程院孙永福院士、中国铁建股份有限公司原总裁金普庆先生为此书撰写推荐序。

本书成稿历时约两年时间，原计划编写《建筑企业工程总承包卓越管理》和《建筑企业数字化与项目智慧建造管理》两书，立足基础设施业务管理，从总承包、信息化两个方面形成基础设施管理文集。后经中国建筑五局帅兵先生的建议，根据笔者多年的管理实践，筹划《建筑企业工程总承包卓越管理》《建筑企业数字化与项目智慧建造管理》《建筑企业商务与项目成本管理》《建筑企业标准化建设管理》《建筑企业工程建设履约管理》的系列个人管理文集，后改为丛书。成书前，他又做了部分阅稿和建议，在此向他的热心和创造性劳动表示感谢。

后　记

本书旨在为企业管理者、大学教学实践提供管理实践和学习方面的参考，本书是该系列丛书的第一本，于2020年8月完稿。期盼本书的出版能激励更多同行积极研究和完善工程总承包卓越管理之路，推动中国工程管理升级。由于笔者水平所限，书中难免有错误和疏漏，敬请批评指正。

2020年8月